今天也要好好吃飯

從料理到上桌，細細品味美食

背後蘊含的故事與智慧

蔡瀾 ——

著

品味生活，美食與生活的融合
對美食文化的熱愛與熱烈追求

感受食材美妙與各式各樣烹飪技巧
探索美食的多樣性與創新見解

用餐之道，
吃飯的藝術

目錄

目錄

金庸序
蔡瀾是一個真正瀟灑的人

　　除了我妻子林樂怡，蔡瀾兄是我一生中結伴同遊、行過最長旅途的人。他和我一起去過日本許多次，每一次都去不同的地方，去不同的旅舍食肆。我們結伴共遊歐洲，從整個義大利北部直到巴黎。同遊澳洲、新加坡、馬來西亞、泰國之餘，再去北美洲。從溫哥華到舊金山，再到拉斯維加斯，然後又去日本，又一起去了杭州。我們共同經歷了漫長的旅途，因為我們互相享受做伴的樂趣，一起去享受旅途中所遭遇的喜樂或不快。

　　蔡瀾是一個真正瀟灑的人。率真瀟灑而能以輕鬆活潑的心態對待人生，尤其是對人生中的失落或不愉快遭遇處之泰然，若無其事，他不但外表如此，而且是真正的不縈於懷，一笑置之。「置之」不太容易，要加上「一笑」，那是更加不容易了。他不抱怨食物不可口，不抱怨汽車太顛簸，不抱怨女導遊太不美貌。他教我怎樣喝最低劣辛辣的義大利土酒，怎樣在新加坡大排檔中吮吸牛骨髓，我會皺起眉頭，他始終開懷大笑，所以他肯定比我瀟灑得多。

　　我小時候讀《世說新語》，對於其中所記魏晉名流的瀟灑言行不由得暗暗佩服，後來才感到他們矯揉造作。幾年前用功細讀魏晉正史，方知何曾、王衍、王戎、潘岳等這大批風流名士、烏衣子弟，其實猥瑣齷齪得很，政治生涯和實際生活之卑鄙下流，與他們的漂亮談吐適成對照。我現在年紀大了，世事經歷多了，各式各樣的人物也見得多了，真的瀟灑，還是硬扮漂亮，一見即知。我喜歡和蔡瀾交友交往，不僅僅是由於他學識淵博、多才多藝、對我友誼深厚，更由於他一貫的瀟灑自若。好像令狐沖、段譽、郭靖、喬峰，四個都是好人，然而我更喜歡和令狐沖大哥、段公子做朋友。

　　蔡瀾見識廣博，懂得很多，人情通達而善於為人著想，琴棋書畫、酒色財氣、吃喝嫖賭、文學電影，什麼都懂。他不彈古琴、不下圍棋、不作畫、不嫖、不賭，但人生中各種玩意兒都懂其門道，於電影、詩詞、書法、金石、飲食之道，更可說是第一流的通達。他女友不少，但皆接之以禮，不逾友道。男友更多，三教九流，不拘一格。他說黃色笑話更是絕頂卓越，聽來只覺其十分可笑而毫不猥褻，那也是很高明的藝術了。

　　過去，和他一起相對喝威士忌、抽香菸談天，是生活中一大樂趣。自從我心臟病發之後，香菸不能抽了，烈酒不能飲了，然而每逢宴席，仍喜歡坐在他旁邊：一來習慣了；二

來可以互相悄聲說些席上旁人不中聽的話，共引以為樂；三則可以聞到一些他所吸的香菸餘氣，稍過菸癮。

　　蔡瀾交友雖廣，不識他的人畢竟還是很多，如果讀了我這篇短文心生仰慕，想享受一下聽他談話之樂，又未必有機會坐在他身旁飲酒，那麼讀幾本他寫的隨筆，所得也相差無幾。

蔡瀾先生語錄

1. 要成為一個好吃的人，先要有好奇心。凡是有好奇心的人，對任何事物都有興趣。就像炒飯不能死守一法，太單調，便失去樂趣。

2. 做菜是消除寂寞最好的方法。一個人要吃東西的時候，千萬別太刻薄自己，做餐好吃的東西享受，生活就充實。

3. 人生的意義就是吃吃喝喝，就這麼簡單和基本，因為簡單和基本最美麗。和女朋友吃的東西最好吃，媽媽做的菜最好吃。

4. 不一定最貴的食物最好吃。能夠把平常的食物變成佳餚，是藝術，不遜於繪畫、文學和音樂。人生享受也。

5. 早一個小時起身，自己煎個蛋，或者煮好一碗麵，也不是太難，做個自己喜歡的便當，也能吃得好，這就是所謂的努力了。

6. 魚和飯的溫度應該和人體溫度一樣，過熱過冷都不合格。漸入佳境也行，先濃後淡，像人生一樣。

7. 有靈性的人，從食物中也能領悟出道理。

蔡瀾自問自答 1. 關於吃

問：「為什麼對吃那麼有興趣，從什麼時候開始？」

答：「凡是好奇心重的人，對任何事物都有興趣。吃，是基本。大概是從吃奶時開始吧。」

問：「你是哺乳，還是喝奶粉？」

答：「吃糊。」

問：「糊？」

答：「生下來剛好是打仗，母親營養不夠，沒有奶。家裡雖然有奶媽，但是餵姐姐和哥哥的。戰亂時哪裡買得到什麼 Klim？只有一罐罐的米碎，用滾水一沖就變成糍糊狀的東西，吃它長大的。還記得商標上有一隻蝴蝶，這大概是我人生中第一次的記憶。」

問：「你提的 Klim 是什麼？」

答：「當年著名的奶粉，現在還可以找到。名字取得很好，把牛奶的英文字母翻過來用。」

問：「會吃東西後，你最喜歡些什麼？」

答：「我小時候很偏食，對肥豬肉當然害怕，對雞也沒多大興趣。回想起來，是豆芽吧，我對豆芽百食不厭，一大口一大口塞進嘴裡，家父說我吃相像擔草入城門。」

問：「你自己會燒菜嗎？」

答：「不會。」

問：「電視上看過你動手，你不會燒菜？」

答：「不，不會燒菜，只會創作。No, I don't cook. I create.」
　　（笑）

問：「請你回答問題正經一點。」

答：「我媽媽和我奶奶都是烹飪高手，我在廚房看看罷了。
　　到了外國自己一個人生活，想起她們怎麼煮，實習，失
　　敗，再實習，就那麼學會的。」

問：「你自己一個人動手是什麼菜？」

答：「紅燒豬手。當年在日本，豬手是扔掉的，我向肉販
　　討了幾隻，買一個小耳朵，把豬手放進去，加醬油和
　　糖，煮個一小時，香噴噴地上桌，家裡沒有冰箱，剛好
　　是冬天，把吃剩的那鍋東西放在窗外，隔天還有肉凍
　　吃。」

問：「最容易燒的是什麼菜？」

答：「龍蝦。」

問：「龍蝦當早餐？」

答：「是的。星期天一大早起身，到街市去買一隻大龍蝦，
　　先把頭卸下斬成兩半，在爐上鋪張錫紙，放在上面，
　　撒些鹽慢火烤。用剪刀把肉取出，直切幾刀再橫切薄

片，扔進水中，即捲成花朵狀，剁碎辣椒、芹菜和冬菇，紅綠黑地放在中間當花心，倒壺醬油點山葵生吃。殼和頭加豆腐、芥菜和兩片薑去滾湯，這時你已聞到蝦頭膏的香味，用茶匙吃蝦腦、刺身和湯。如果有瓶好香檳和貝多芬音樂陪伴，就接近完美。」

問：「前後要花多少時間？」

答：「快的話半小時，但可以懶懶慢慢地做。做菜是消除寂寞最好的方法。一個人要吃東西的時候，千萬別太刻薄自己，做餐好吃的東西享受，生活就充實。」

問：「你已經嘗遍天下美食？」

答：「不可以那麼狂妄，要吃完全世界的東西，十輩子也不夠。」

問：「哪一個都市的花樣最多？」

答：「香港。別的地方最多給你吃一個月就都吃遍了。在香港，你需要半年。」

問：「你嘴那麼刁，不怕閻羅王拔你的舌頭？」

答：「有一次我去吉隆坡，三個八婆（粵語中好管閒事女子的俗語）請我吃大排檔，我為了回憶小時候吃的菜，叫了很多東西，吃不完。八婆罵我：『你來世一定沒有東西吃。』我搖頭笑笑，說：『你們怎麼不這麼想想？我的前身，是餓死的。』」

問：「談到大排檔，已經越來越少，東西也越來越不好吃了。」

答：「所以大家在呼籲保護瀕臨絕種動物時，我大叫不如保護瀕臨絕種的菜式，這比較實在。」

問：「你什麼開始寫食經？」

答：「從週刊的專欄《未能食素》。」

問：「未能食素，你不喜歡素菜？」

答：「未能食素，還是想吃葷東西的意思，代表我慾望很強，達不到彼岸的平靜。」

問：「寫餐廳批評，要什麼條件？」

答：「把自己的感想老實地記錄下來就是。公正一點，別被人請客就一定要說好。有一次，我吃完了，甜品碟下有個紅包，開啟來看，是五千大洋。」

問：「你收了沒有？」

答：「我想，要是拿了，下次別家餐廳給我四千九百九，我也會開口大罵的。」

問：「為什麼很少讀到你罵大排檔式的食肆的文章？」

答：「小店裡，人家刻苦經營，試過不好吃的話，最多別寫。大集團就不同了，哼哼。」

問：「你描寫食物時，怎會讓人看得流口水？」

答：「很簡單，寫稿寫到天亮，最後一篇才寫食經。那時候腹飢如鳴，寫什麼都覺得好吃。」

蔡瀾自問自答 2. 關於美食

問：「你能不能準確地告訴我，今年多少歲了？」

答：「又不是瞞年齡的老女人，為什麼不能？我生於一九四一年八月十八日，屬蛇，獅子座，夠不夠準確？」

問：「血型呢？」

答：「酒喝得多，XO 型。哈哈。」

問：「最喜歡喝什麼酒？」

答：「年輕時喝威士忌，來了香港跟大家喝白蘭地，當年非常流行，現在只喝點啤酒。其實我的酒量已經不大。最喜歡的酒，是和朋友一起喝的酒，什麼酒都沒問題。」

問：「紅酒呢？」

答：「學問太高深，我不懂，只知道不太酸，容易下喉的就是好酒，喜歡澳洲的氣泡紅酒，沒試過的人很看輕它，但的確不錯。」

問：「你整天臉紅紅的，是不是一起身就喝？」

答：「那是形象差的關係。我也不知道為什麼整天臉紅，現在的人一遇到我就問是不是血壓高。從前，這叫紅光滿面，已經很少人記得有這一回事兒。」

問：「什麼是喝酒的快樂，什麼是酒品，什麼是境界？」

答：「喝到飄飄然，語喃喃，就是快樂事，不追酒、不頭暈、不作嘔、不擾人、不喧譁、不強人喝酒、不乾杯、不猜枚、不卡拉 OK、不重複話題，這十不，是酒品。喝到要止即止，是境界。」

問：「你是什麼時候成為食家的？」

答：「我對這個家字有點反感，我寧願叫自己做一個人，寫作人，電影人。對於吃，不能叫吃人，勉強叫做好食者吧。我愛嘗試新東西，包括食物。我已經吃了幾十年了，對於吃應該有點研究，最初和倪匡兄一起在週刊寫關於吃的文章，後來他老人家嫌煩，不幹了。我自己那一篇便獨立起來，叫《未能食素》，批評香港的餐廳。一寫就幾年，讀者就叫我所謂的食家了。」

問：「為什麼取《未能食素》那麼怪的一個欄名？」

答：「『未能食素』就是想吃肉。有些人還搞亂了叫成『未能素食』，其實和齋菜一點關係也沒有，這題目代表我的慾望還是很重，心還是不清。」

問：「天下美味都給你試過了？」

答：「這問題像人家問我什麼地方你沒去過一樣。我每次搭飛機時都喜歡看航空公司雜誌後頁的地圖，那麼多的城市，那麼多的小鎮，我再花十輩子，也去不完。」

問：「要什麼條件，才能成為食家？」

答：「要成為一個好吃的人，先要有好奇心。什麼都試，所以我老婆常說要殺死我很容易，在我嘗試過的東西裡面下毒好了。要做食評人，先別給人家請客。自己掏腰包，才能保持公正。盡量說真話，這樣不容易做到。同情分還是有的，對好朋友開的食肆，多讚幾句，無傷大雅，別太離譜就是。」

問：「做食家是不是自己一定要懂得煮？」

答：「你又家家聲了。做一個好吃者，食評人，自己會燒菜是一個很重要的條件。我讀過很多影評人的文章，根本對電影製作一竅不通，寫出來的東西就不夠分量。專家的烹調過程看得多了，還學不會，怎麼有資格批評別人？」

問：「什麼是你一生中吃過的最好的菜？」

答：「和喝酒一樣，好朋友一起吃的菜，都是好菜。」

問：「對食物的要求一點也不頂尖？」

答：「和朋友，什麼都吃。自己燒的話，可以多下一點功夫。做人千萬別刻薄，煮一餐好飯，也可以消除寂寞。我年輕時才不知愁滋味地大叫寂寞，現在我沒有時間去寂寞。」

問：「做人的目的，只是吃吃喝喝？」

答：「是。我大半生一直研究人生的意義，答案還是吃吃喝喝。」

問：「就那麼簡單？那麼基本？」

答：「是。簡單和基本最美麗，讀了很多哲學家和大文豪傳記，他們的人生結論也只是吃吃喝喝，我沒他們那麼偉大，照抄總可以吧。」

蔡瀾自問自答 3. 關於茶

問：「茶或咖啡，選一樣，你選茶、咖啡？」

答：「茶。我對飲食，非常忠心，不肯花精神研究咖啡。」

問：「最喜歡什麼茶？」

答：「普洱。」

問：「那麼多的種類，鐵觀音、龍井、香片，還有錫蘭茶，
為什麼只選普洱？」

答：「龍井是綠茶，多喝傷胃；鐵觀音是發酵到一半停止
的茶，很香，只能小量欣賞才知味；普洱則是全發酵
的，越舊越好，沖得怎樣濃都不要緊。我起身就有喝茶
的習慣，睡前也喝，別的茶反胃，有些妨礙睡眠，只有
普洱沒事，我喝得很濃，濃得像墨汁一樣，我常自嘲說
肚子進的墨汁不夠。」

問：「普洱有益嗎？」

答：「飲食方面，廣東人最聰明，雲南產普洱，但整個中國
只有廣東人愛喝，它的確能消除多餘的脂肪，吃得飽
脹，一杯下去，舒服無比。」

問：「那你自己為什麼還要搞什麼暴暴茶？」

答：「這個故事說來話長，普洱因為是全發酵，有一股霉味，加上玫瑰乾蕾就能闢去。我又參考了明人的處方，煎了解酒和消滯的草藥噴上去，烘過，再噴，再烘，做出一種茶來克服暴飲暴食的壞習慣，起初是調配來給自己喝，後來成龍常來我的辦公室試飲，覺得很好喝，別人也來討了，煩不勝煩。」

問：「你什麼時候牌示把它當成商品，又為什麼令你有做茶生意的念頭？」

答：「有一年的書展，書展中老是簽名答謝讀者沒什麼新意，我就學古人路邊施茶，大量泡暴暴茶給來看書的人喝，主辦當局說人太多，不如賣吧，我說賣的話就違反了施茶的意義，不過賣也好，捐給保良局。那一年兩塊錢一杯，一賣就籌了八百塊，我的頭上嚓的一聲亮了燈，就將它變成商品了。」

問：「為什麼叫暴暴茶？」

答：「暴食暴飲也不怕啊！所以叫暴暴茶。」

問：「你不認為暴暴茶這個名字很暴戾嗎？」

答：「起初用，因為它很響，你說得對，我會改的，也許改為抱抱茶吧。我喜歡抱人。」

問：「為什麼你現在喝的是立頓茶包？」

答：「哈哈，那是我在歐洲生活時養成的習慣，那邊除了英國，大家都只喝咖啡，沒有好茶，隨身帶普洱又覺煩，乾脆買些茶包，要一杯滾水自己搞掂。在日本工作時他們的茶包也稀得要命，我拿出三個茶包弄濃它，不加糖，當成中國茶來喝，喝久了上癮，早晚喝普洱，中午喝立頓。」

問：「你本身是潮州人，不喝工夫茶嗎？」

答：「喝。自己沒有工夫，別人泡的我就喝。我喝茶喜歡用茶盅，家裡有春夏秋冬四個模樣的，現在秋天，我用的是布滿紅葉的盅。」

問：「你喝茶的習慣是什麼時候養成的？」

答：「從小，父親有個好朋友叫統道叔，到他家裡一定有上等的鐵觀音喝，統道叔看我這個小鬼也愛喝苦澀的濃茶，很喜歡我，教我很多關於茶的知識。」

問：「令尊呢，喝不喝茶？」

答：「家父當然也愛喝，還來個洋酸尖，人住南洋，沒有什麼名泉，就叫我們四個兒女一早到花園去，各人拿了一個小瓷杯，在花朵上彈露水，好不容易才收集幾杯拿去沖茶，爐子裡面用的還是橄欖核燒成的炭，說這種炭火力才夠猛。」

問：「你喝不喝龍井或香片？」

答：「喝龍井，好的龍井的確引誘死人。不喝香片，香片北方
人才欣賞，那麼多花，已經不是茶，所以只叫香片。」

問：「日本茶呢？」

答：「喝。日本茶中有一味叫玉露的，我最愛喝了。玉露不
能用太滾的水衝，先把熱水放進一個叫 Oyusame 的盅
中冷卻一番，再把茶浸個兩三分鐘來喝，味很香濃，有
點像在喝湯。」

問：「臺灣茶呢？他們的茶道又如何？」

答：「臺灣人那一套太造作，我不喜歡，茶葉又賣得貴得要
命，違反了喝茶的精神。」

問：「你喝過的最貴的茶，是什麼茶？」

答：「大紅袍。認識了些福建茶客，才發現他們真是不惜
工本地喝茶。請我的茶葉，在拍賣中叫到了十六萬港
幣，而且只有兩百克。」

問：「真的那麼好喝嗎？」

答：「的確好喝，但是叫我自己買，我是付不出那麼高的價
錢，我在九龍城的茗香茶莊買的茶，都是中價錢，像普
洱，三百塊一斤，一斤可以喝一個月，每天花十塊錢喝
茶，不算過分。一直喝太好的茶，就不能隨街坐下來喝
普通的茶，人生減少許多樂趣。茶是平民的飲品，我是
平民，這一點，我一直沒有忘記。」

蔡瀾自問自答 4. 關於酒

　　訪問這種事，有時報紙和雜誌都來找你，忽然，靜了下來，幾年沒一個電話。後面來接受一個，傳媒又一窩蜂擁上前，都是同樣的問題，我回答了又回答，已失去新鮮感，所以盡量將答案寫了下來，讓來訪問的人做參考，有些答案，從前的小品文中寫過，未免重複，請各位忍耐。

　　「這篇東西，除了你的生日是何時之外，什麼都沒說到。」前一陣子一位記者到訪，我把稿子交給她時，她這麼說。

　　好。有必要多寫幾篇。最好分主題，你要問關於吃的，拿這一份去；要問穿的，這裡有完全的數據。大家方便，所以今後還會繼續預計對方所提的問題做出答覆，今後你我見面之前，我先將訪問的稿件傳真給你，避免互相浪費時間。

　　不知何時開始，我總給人家一個愛喝酒的印象，這是一個部分，我們就談酒吧。

問：「你臉紅紅的，喝了酒嗎？」

答：「沒有呀。天生就是這一副模樣，從前的人，見到我這種人，就恭喜我滿面紅光；當今，他們劈頭一句：你血壓高。哈哈哈。」

問：「真的沒有毛病？」

答：「一位幹電影的朋友轉了行，賣保險去，要求我替他買一份。看在多年同事的分上。我答應了。人生第一次買，不知道像我這個年紀，要徹底地檢查身體才能受保，驗出來的結果，血壓正常，也沒有愛滋病。」

問：「膽固醇呢？」

答：「沒過高。連尿酸也驗過，好在不必自己口試，都沒毛病。」

問：「你最喜歡喝的是哪一種酒？白蘭地？威士忌、紅酒、白酒？」

答：「愛喝酒的人，有酒精的酒都喜歡，最愛喝的酒，是與朋友和家人一齊喝的酒。」

問：「你整天臉紅，是不是醒著的時間都喝？」

答：「給人家冤枉得多，就從早上喝將起來，飲早茶時喝土炮籽蒸（農家自釀的米酒），難喝死了，但是蝦餃燒賣顯得更好吃了。飲茶喝籽蒸最好。」

問：「有些人要到晚上才喝，你有什麼看法？」

答：「有一次倪匡兄去新加坡，我媽媽請他吃飯，拿出一瓶白蘭地叫他喝，他說他白天不喝酒的，我媽媽說現在巴黎是晚上，你不喝，結果我們大家都喝了。」

問：「大白天喝酒，是不是很墮落？」

答：「能夠一大早就喝酒的人，代表他已經是一個可以主宰自己時間的人，是個自由自在的人，是很幸福的。他不必為了要上班，怕上司看到他喝酒而被炒魷魚。他也不必擔心開會時遭受對方公司的人側目。這一定是他爭取回來的身分，他已付出了努力的代價，現在是收穫期，這是白晝宣飲，哈哈哈哈。白天喝酒，是因為他們想喝就喝，不是因為上了酒癮才喝，怎樣會是墮落？替他高興還來不及呢。」

問：「你會不會醉酒呢？」

答：「那是被酒喝的人才會做的事，我是喝酒的人。」

問：「什麼是喝酒的人？」

答：「喝夠即止，是喝酒的人。」

問：「什麼叫做喝夠即止，能做到嗎？」

答：「這是意志力的問題。我的意志力很強，做得到喝到微醉，就不再喝了。」

問：「什麼叫醉？請下定義。」

答：「是一種輕飄飄的感覺。有點興奮，但不騷擾別人。話說多了，但不搶別人的話題。真情流露，略帶豪氣。十二萬年無此樂。叫做醉。」

問：「醉得有暴力傾向，醉得嘔吐呢？」

答：「那不叫醉，叫昏迷。」

問：「你有沒有昏迷的經驗？」

答：「一次。數十年前我哥哥結婚，擺了二十桌酒，客人來敬，我替大哥擋，結果失去知覺，醒來時，像電影的鏡頭，有兩個臉俯視著我。原來是被抬到新婚夫婦的床上，影響到他們的春宵，真丟臉。從此不再做這種傻事。」

問：「你的老友倪匡和黃霑都已經不喝酒了，你還照喝那麼多嗎？」

答：「黃霑是因為有痛風不喝的。倪匡說人生什麼事都有配額，他的配額用完了。我還好，還是照喝，喝多了一點倒是真的。我不能接受有配額的說法，我相信能小便就能做那件事，看看對方是什麼人罷了。」

問：「現在流行喝紅酒，你有什麼看法？」

答：「太多人知道紅酒的價錢，太少人知道紅酒的價值。」

問：「我碰不了酒，很羨慕你們這些會喝酒的人，我要怎樣才了解你們的歡樂？」

答：「享受自己醉去。」

問：「什麼叫自己醉？」

答：「熱愛生命，對什麼東西都好奇，拚命問。問得多了，了解了，腦中產生大量的嗎啡，興奮了，手舞足蹈了，那就是自己醉，不喝酒也行，又達到另一種境界。」

蔡瀾自問自答 5. 關於想做的事

問：「你還有什麼想做的事？」

答：「太多了。」

問：「舉一個例子？」

答：「以前，作文課要寫《我的志願》，我寫了想開間妓院，差點給老師開除。」

問：「你在說笑吧？」

答：「我總是說笑之後，就做了。像做暴暴茶、開餐廳等。我還說過以後我的日語能力，不拍電影的話，大不了舉了一面小旗，當導遊去。」

問：「還有呢？」

答：「想開間烹調學校。集中外名廚，教導學生。我很明白年輕人不想再讀書的痛苦。有興趣的話，讓他們當師傅去。學會包壽司，一個月也有上萬到三四萬的收入。父母都想讓兒女有一技之長，送來這間學校就行。」

問：「還有呢？」

答：「要個網址，供應全世界的旅行數據。當然包括最好吃的餐廳，貴賤由人，不過數據要很詳細才行。我看到一些網站，上了一次就沒有興趣再看。那就是最蠢不過的

事。在我這裡，不止找到地址電話，連餐牌都齊全，推薦你點什麼菜，叫哪一年分的酒，讓上網的人很有自信地走進世界上任何一間著名的餐廳，不會失禮。」

問：「還有呢？」

答：「還有開一個兒童班。教小孩畫畫、書法，也可以同時向他們學習失去的童真。」

問：「還有呢？」

答：「你怎麼老是只問還有呢？」

問：「除了教兒童，你說的都是吃喝玩樂，有什麼較有學術性的願望？」

答：「吃喝玩樂，才最有學術性。我知道你要問什麼，較為枯燥的是不是？也有，我在巴塞隆納住了一年，研究建築家高迪（Gandi）的作品，收集了很多他的數據，想拍一部電腦動畫，關於聖家族教堂，這個教堂再多花一百年功夫，也未必能夠完成，我這一生中看不到，只有靠電腦動畫來完成它。根據高迪原來的設計圖，這座教堂完成時，塔頂有許多探射燈發出五顏六色的光線，照耀全城，塔尖中藏的銅管，能奏出音色特別多的風琴音樂。這時整個巴塞隆納像一座最大的的士高，來了很多嘉賓，用動畫把李小龍、瑪麗蓮·夢露、詹姆斯·迪恩、戴安娜王妃、楊貴妃、李白等人都讓他們重

新活著，和市民一起狂舞，一定很好看。」

問：「生意呢？有什麼生意想做？」

答：「我也在東歐住過一年多，認識很多高階主管，都很有錢。買了很多鑽石給他們的太太，現在打完仗，鑽石不能當飯吃，賣了也不可惜。我在日本工作時有一個很信得過的女祕書，嫁了一個鑽石鑑定家，和他合作，我們兩人一面玩東歐，一面收購了一些鑽石，拿回來賣，也能賺幾個錢。」

問：「這主意真古怪。」

答：「不一定是古怪才有生意做。有些現有的數據，等你去發掘，像我們可以到國際發明家版權註冊局去，翻開檔案，裡面會有一些發明，當年太先進了，做起來失敗，就那麼扔開一邊，現在看來，也許是最合時宜的，買版權回來製造，賺個滿缽也說不定。」

問：「寫作呢？還有什麼書想寫的？」

答：「當然有啦，我那本《追蹤十三妹》只寫了上下二冊，故事還沒講完。我做十三妹的研究做了十年以上，有很多數據。也把自己的經歷過的事遇到的人物寫在裡面。每一個故事都和十三妹有關聯。一直寫下去。用六十年代到七十年代的香港做背景，記錄這十年的文化，包括音樂、著作、吃的是什麼東西、玩的是什麼東西。」

問：「那麼多的興趣，要等到什麼時候才去做？是不是要等
　　到退休？」

答：「我早已退休了，從很年輕開始已經學會退休。我一直
　　覺得時間不夠用，只能在某一段時期，做某件事，什麼
　　時候開始，什麼時候終結，隨緣吧。」

問：「最後要做的呢？」

答：「等到我所有的慾望都消失了，像看到好吃的東西也不
　　想吃，好看的女人也不想和她們睡覺時，我就會去雕刻
　　佛像，我好像說過這件事，我在清邁有一塊地，可以
　　建築一間工作室，到時天天刻佛像，刻後塗上五顏六
　　色，佛像的臉，像你、像我，不一定是菩薩觀音。」

第一部分

今天也要好好吃飯

　　我還是對年輕人充滿希望，我相信他們之中，一定有人對自己有要求，對生活的品質有要求，不必跟隨別人怎麼走。先得提高自己的獨立思想，不管別人會不會吃，自己會吃就是了。

變成一個懂得欣賞食物的人

有個聚會要我去演講，指定要一篇講義，主題說吃。我一向沒有稿就上臺，正感麻煩。後來想想，也好，作一篇，今後再有人邀請就把稿交上，由旁人去唸。

女士們、先生們：

吃，是一種很個人化的行為。什麼東西最好吃？媽媽的菜最好吃。這是肯定的。你從小吃過什麼？這個印象就深深地烙在你腦裡，永遠是最好的，也永遠是找不回來的。

老家前面有棵樹，好大。長大了再回去看，不還是那麼高嘛，道理是一樣的。當然，目前的食物已是人工培養，也有關係。再怎麼難吃也好，東方人去外國旅行，西餐一個禮拜吃下來，也想去一間蹩腳的中菜廳吃碗白飯。洋人來到我們這裡，每天鮑參翅肚，最後還是躲在速食店啃麵包。

有時，我們吃的不是食物，是一種習慣，也是一種鄉愁。一個人懂不懂得吃，也是天生的。遺傳基因決定了他們對吃沒有什麼興趣的話，那麼一切只是養活他們的飼料。我見過一對夫婦，每天以泡麵維生。

　　喜歡吃東西的人，基本上都有一種好奇心。什麼都想試試看，慢慢地就變成一個懂得欣賞食物的人。對食物的喜惡大家都不一樣，但是不想吃的東西你試過了沒有？好吃，不好吃，試過了之後才有資格判斷。沒吃過你怎知道不好吃？吃，也是一種學問。這句話太辣，說了，很抽象。

　　愛看書的人，除了《三國演義》、《水滸傳》和《紅樓夢》，也會接觸希臘的神話、拜倫的詩、莎士比亞的戲劇。

　　我們喜歡吃東西的人，當然也須嘗遍亞洲、歐洲和非洲的佳餚。吃的文化，是交朋友最好的武器。你和寧波人談起蟹糊、黃泥螺、臭冬瓜，他們大為興奮；你和香港人講到雲吞麵，他們一定知道哪一檔最好吃；你和臺灣人的話題，也離不開蚵仔麵線、滷肉飯和貢丸；一提起火腿，西班牙人雙手握指，放在嘴邊深吻一下，大聲叫出：Mmmmm。

　　順德人最愛談吃了。你和他們一聊，不管天南地北，都扯到食物上面，說什麼他們媽媽做的魚皮餃天下最好。政府派了一個官員到順德去，順德人和他講吃，他一提政治，順德人又說魚皮餃，最後官員也變成了老饕。全世界的東西都給你嘗遍了，哪一種最好吃？笑話。怎麼嘗得遍？看地圖，那麼多的小鎮，再做三輩子的人也沒辦法走完。有些菜名，聽都沒聽過。對於這種問題，我多數回答：「和女朋友吃的東西最好吃。」

的確，伴侶很重要，心情也影響一切，身體狀況更能決定眼前的美食吞不吞得下去。和女朋友吃的最好，絕對不是敷衍。

　　談到吃，離不開喝。喝，同樣是很個人化的。北方人所好的白酒，二鍋頭、五糧液之類，那股味道，喝了藏在身體中久久不散。他們說什麼白蘭地、威士忌都比不上，我就最怕了。洋人愛的餐酒我只懂得一點皮毛，反正好與壞，憑自己的感覺，絕對別去扮專家。一扮，遲早露出馬腳。成龍就是喜歡拿名牌酒瓶裝劣酒騙人。

　　應該是紹興酒最好喝，剛剛從紹興回來，在街邊喝到一瓶「太雕」，遠好過什麼八年、十年、三十年的。但是最好最好的還是香港「天香樓」的。好在哪裡？好在他們懂得把老的酒和新的酒調配，這種技術中國大陸還學不到，儘管老的紹興酒他們多得是。我幫過法國最著名的紅酒廠廠主去試「天香樓」的「紹興」，他們喝完驚嘆東方也有那麼醇的酒，這都是他們從前沒喝過之故。

　　老店能生存下去，一定有它們的道理，西方的一些食材鋪子，如果經過了非進去買些東西不可。像米蘭的 IL Salumaio 的香腸和橄欖油，巴黎的 Fanchon 麵包和鵝肝醬，倫敦的 Forthum&Mason 果醬和紅茶，布魯塞爾 Godiva 的朱古力，等等。魚子醬還是伊朗的比俄羅斯的好，因為從抓到

一條鱘魚，要在二十分鐘之內開啟肚子取出魚子。上鹽，太多了過鹹，少了會壞，這種技術，也只剩下伊朗的幾位老匠人會做。

但也不一定是最貴的食物最好吃，豆芽炒豆卜，還是很高的境界。義大利人也許會說是一塊薄餅。我在那不勒斯也試過，上面什麼材料也沒有，只是一點番茄醬和芝士，真是好吃得要命。有些東西，還是從最難吃中變為最好吃的，像日本的所謂什麼中華料理的韭菜炒豬肝，當年認為是嚥不下去的東西，當今到東京，常去找來吃。

我喜歡吃，但嘴絕不刁。如果走多幾步可以找到更好的，我當然肯花這些工夫。附近有家藐視客人胃口的速食店，那麼我寧願這一頓不吃，也餓不死我。

你真會吃東西！友人說。不，我不懂得吃，我只會比較。有些餐廳老闆逼我讚美他們的食物，我只能說：「我吃過更好的。」但是，我所謂的「更好」，真正的老饕看在眼裡，笑我旁若無人也。

謝謝大家。

黑澤明的食經

最近重看黑澤明導演的《用心棒》和《椿三十郎》，每件小道具都能細嚼欣賞，打鬥場面又那麼精彩，藝術性和商業性竟然能夠如此糅合，實在令人佩服。若對黑澤明的生平想知道更多，在一本叫 Saral 的雙週刊中有一篇講他的飲食習慣的，值得一讀。

黑澤明的食桌，像他的戰爭場面一樣，非常壯觀，什麼都吃。他自認為不是美食家，是個大食漢。與其人家叫他美食家，他說不如稱他為健啖者。導演《椿三十郎》時，在外景地拍了一張黑白照片，休息時啃飯糰。這飯糰是他自己做的，把飯捏圓後炸了淋點醬油，加幾片蘿蔔泡菜，是他的典型中餐。

黑澤明是一日四食主義者，過了八十歲，他還說：「早餐，是身體的營養；夜宵，是精神的營養。」

黑澤明有牛油癮，麥片中也加牛油。其他的有蔬菜汁和加奶咖啡。

黑澤明不喜歡吃蔬菜，說怎麼咬都咬不爛，要家人用攪拌機把胡蘿蔔、芹菜、高麗菜打成汁才肯喝。

　　黑澤明喜歡吃牛肉，是出了名的。傳說中，整組工作人員都有牛肉吃，每天的牛肉費用要一百萬日元，黑澤明愛吃淌著血的牛肉，而且一天要吃一公斤以上的牛肉。

　　也不是每天讓工作人員吃掉價值一百萬日元的肉，不過黑澤明組的確是吃得好。他說過：「盡量讓大家酒足飯飽，不然怎麼有精神拍戲？」

　　時常在家裡請朋友和同事，每次他都親自下廚。他不動手，但指揮老婆和女兒怎麼做，像拍戲一樣。

　　「我做燴牛尾最拿手，燴牛舌也不錯，薯仔和胡蘿蔔不切塊，整個放進鍋煮，加點鹽就是。我的煮法，單靠一個『勇』字。」黑澤明說。

　　親朋好友回家了，黑澤明一個人看書、繪畫、寫作，深夜是他學習的時間，肚子餓了，當然要吃東西，所以宵夜是精神的營養那句話由此得來。這時他不吵醒家人，自己進廚房炮製炒飯、炸飯糰、茶泡飯等。最愛吃的還是鹹肉三明治，用猶太人的鹹肉，一片又一片疊起來，加生菜和芝士，厚得像一本字典，夾著多士吃。再喝酒，一生愛的威士忌，黑白牌，但不是普通的，喝該公司最高級的 Royal Household。

　　作曲家池邊晉一郎到他家裡，黑澤明問他要喝什麼。他回答說喝啤酒好了，黑澤明生氣地說：「喝什麼啤酒？啤酒根本不是酒！」

第一部分
今天也要好好吃飯

至於在餐廳吃飯，黑澤明喜歡的一家，是京都開了百多年的老店「大市」，用個砂鍋燒紅了，下山瑞和清酒煮，分量不多，一客要兩萬兩千日元，黑澤每次要吃幾鍋才過癮。我也常到這家去，味道的確好得出奇，介紹了多位友人，都讚美不已。

另一家是在橫濱元町的「默林」，刺身非用當天釣到的魚做不可，烤的一大塊牛肉也是絕品，門牌是黑澤明寫的，他的葬禮那天，老闆還親自送了一尾魚到靈前拜祭。

一九九五年，黑澤明跌倒，腰椎折斷，但照樣吃得多。一九九八年去世，最後那餐吃的是鮪魚腩、貝柱和海膽刺身、白飯，當然少不了他最喜歡的牛肉佃煮。

對於雞蛋，還有些趣事。二十世紀六十年代中，黑澤明還是不太愛吃雞蛋，但身體檢查之後，醫生勸他別多吃，他忽然愛吃起來，一天幾個，照吃不誤。黑澤明說：「擔心更是身體的毒害；想吃什麼，就吃什麼，長壽之道也。」

黑澤明活到八十八歲，由此證明他說得沒錯。

什麼都吃，什麼都少吃一點

　　口味跟著年齡變化，是必然的事，年輕時好奇心重大，非試盡天下美味不罷休。回顧一下，天下之大，怎能都給你吃盡？能吃出一個大概，已是萬幸之幸。

　　回歸平淡也是必然，消化力始終沒從前的強，當今只要一碗白飯，淋上豬油和醬油，已非常之滿足。當然，有鍋紅燒豬肉更好。

　　宴會中擺滿一桌子的菜，已引誘不了我，只是「淺嘗」而已。淺嘗這兩個字說起來簡單，但要有很強大的自制力才能做到，而今只是沾上皮毛。

　　和一切煩惱一樣，把問題弄得越簡單越好，一切答案縮小至加和減，像電腦的選擇，更能吃出滋味來，我已很了解所謂的一汁一菜的道理，一碗湯一碗白飯，還有一碟泡菜，其他佳餚，用來送酒，這吃一點，那吃一點，也就是淺嘗了。

　　吃中餐、日本韓國料理，淺嘗是簡單的，但一遇到西餐，就比較難了，故近年來也少光顧，西歐旅行時總得吃，我不會找中國餐廳，西餐也只是淺嘗。

西餐怎麼淺嘗呢？全靠自制，到了法國，再也不去什麼
所謂精緻菜 Fine Dining 的三星級餐廳，找一家 Bistro 好了，
想吃什麼菜或肉，叫個一兩道就是。

如果不得已時，我先向餐廳宣告：「我要趕飛機，只剩
下一個半小時時間，可否？」老朋友開的食肆，總能答應我
的要求。沒有這個趕飛機的理由，一般的餐廳都會說：「先
生，我們不是麥當勞。」

當今最怕的就是三四個小時以上的一餐，大多數菜又是
以前吃過，也沒什麼驚豔的了。依照洋人的傳統去吃的話，
等個半天，先來一盤麵包，燒得也真香，一餓了就猛啃，主
菜還沒上已經肚飽，如果遇上長途飛行和時差，已昏昏欲
睡，倒頭在餐桌上。

已不欣賞西方廚師在碟上亂刷作畫，也討厭他們那種用
小鉗子把花葉逐一擺上，更不喜歡他們把一道簡單的魚或
肉，這裡加一些醬，那兒撒些芝士，再將一大瓶番茄汁淋上
去的作風。

但這不表示我完全抗拒西餐，偶爾還會想念那一大塊幾
乎全生的牛排，也要吃他們的海鮮麵或蘑菇飯。

全餐也有例外，像韓國宮廷宴那種全餐，我是喜歡的，
吃久一點也不要緊，他們上菜的速度是快的。日本溫泉旅館
的，全部一二三都拿出來，更妙。

目前高級日本料理的 Omakase 在香港大行其道，那是為了計算成本和平均收費而設，叫做「廚師發辦」，我最不喜歡這種制度，為什麼不可以要吃什麼叫什麼，那多自由！當今的壽司店多數很小，只做十人以下的生意，也最多做個兩輪，他們得把價錢提高，才能有盈利，你一客多少，我就要賣更貴一點，才與眾不同，當今的每客五千以上，酒水還不算呢，吃金子嗎？我認為最沒趣了。

像壽司之神的，一客幾十件，每一件都捏著飯，非塞到你全身暴脹不可，也不是我喜歡的。吃壽司，我只愛「御好 Okonomiyaki」，愛什麼點什麼，捏著飯的可以在臨飽之前來一兩塊。

很多朋友看我吃飯，都說這個人根本就不吃東西，這也沒錯，那是我一向養成的習慣，年輕時窮，喝酒要喝醉的話，空腹最佳，最快醉。但說我完全不吃是不對的，我不喜歡當然吃不多，遇到自己愛吃的，也吃多幾口，不過這種情形越來越少。

從前，大醉之後，回家倒頭就睡，但隨著年齡漸長，酒少喝了，入眠就不容易了，常會因飢餓而半夜驚醒。旅行的時候就覺得煩，所以在宴會上雖不太吃東西，但是最後的炒飯、湯麵、餃子等，都會多少吃些。如果當場實在吃不下去，就請侍者替我打包，回酒店房，能夠即刻睡的話就不

吃，腹飢而醒時再一碗當宵夜，東西冷了沒有問題，我一向習慣吃冷的。

在外國旅行時，叫人家讓我把麵包帶回去也顯得寒酸，那怎麼辦？通常我在逛當地的菜市場時，總會買一些火腿、芝士之類的，如果有煙燻鰻魚更妙，一大包買回去放在房間冰箱，隨時拿出來送酒或充飢。

行李中總有一兩個杯麵，取出隨身帶著可以扭轉插上的雙節筷子吃。如果忘記帶杯麵，便會在空餘時間跑去便利店，什麼榨菜、香腸、沙丁魚罐頭之類的買一大堆準備應付，用不上的話，送給司機。

在中國大陸工作時，一出門塞車就要花上一兩個小時，只有推掉應酬，在房間內請同事們開啟當地餐廳 APP 叫外賣，來一大桌東西，淺嘗數口，自得其樂，妙哉妙哉。

吃是一種生活態度：簡單之餘，要求精

從此，好吃的小販食物一件件消失。你去找，還是有的，卻是有其形而無其味，吃什麼都是一口像發泡膠的東西，加上一口味精水。

因為大家不要求，沒有了要求，就沒有供應，美食是絕對存在不下去了，剩下的只是浮華的鮑參翅肚，這些食材，也慢慢地被吃到絕種。

你會吃，你去提倡呀，你去保留呀，友人說。沒有用的，大趨勢，扭轉不過來。外國人有句話，打不過，就去參加他們吧，我看今後，也只有往速食這條路去走了。

但是，儘管有餬口求生的，也可以吃得優雅。

我還是對年輕人充滿希望，我相信他們之中，一定有人對自己有要求，對生活的品質有要求，不必跟隨別人怎麼走。

先得提高自己的獨立思想，不管別人會不會吃，自己會吃就是了。但是，鰣魚、黃魚等已經一種種絕滅，那也不要緊，就像我在印度的山上，一個老太婆每天煮雞給我吃。我吃厭了，問她有沒有魚，她說沒有，魚是什麼？啊，你不知

道魚是什麼，我畫一條給你看看，老太婆看了，說，啊，這就是魚？樣子好怪。

我驕傲地說：「你沒有吃過魚，好可惜呀！」

「我沒有吃過，又有什麼可惜呢？」老太婆回答。

是的，年輕人說，我沒有吃過鱘魚，我沒有吃過黃魚，又有什麼可惜呢？我在短短的幾十年生涯中，已看到食材一種種消失，忽然之間，就完全不見了，小時候吃的味道也一樣，再也找不回來。

為什麼？理由非常之簡單，年輕人沒有試過，不知道是怎麼一回事，不見就不見，不是他們關心的事，只要有遊戲機打，吃什麼都不重要。

城市生活的富裕，令到子女不必像父母那麼拚命，他們對食物不擔憂，也不必考慮有沒有地方住，反正爸媽會留下來，幹什麼那麼辛苦？

連街邊小販的生活也逐漸改變，有了儲蓄，就想到退休。說實在的，每天幹活，一天十幾小時，腳也發生毛病，忽然有一批新移民湧了進來，他們也要找點事做，啊，就把攤子賣給他們吧！

你賣給我，我不會做呀！容易，容易，煮煮麵罷了，又不是什麼新科技，你不會做，我教你好了，三天就學會，不相信你試試看。

試了，果然懂得怎麼做，真聰明，我早就告訴你很容易嘛，你自己學會了，可以自己去賺。

基本上的東西是不會絕滅的，一碗好的白米飯，一碗拉得好的麵，總在那裡。

今後的食物，只會越來越簡單，但是，我們總得要求吃得好、吃得精。什麼地方的菜最好，什麼地方的麵最好，一種種去追求，一種種去比較，一比較就知道什麼地方的最好。

滿漢全席已經消失，西方帝皇式的盛宴也不會再存在，大家都往簡單的和方便的路去走，也許今後會有人將之重現，但不吃已久，也不知道怎麼去欣賞了，年輕人的味覺正在退化，但是我希望年輕人對生活的熱情不消失。

回到基本吧，一碗白飯，淋上香噴噴的豬油，是多麼美味！

什麼？豬油，一聽到已經嚇破了膽！

但是，醫學上、科學上，都已證明豬油比植物油健康了呀，怕什麼呢？你們怕，是因為你們沒有洗過碗，一洗碗就知道了，豬油的一沖熱水就乾乾淨淨，植物油的，洗破了手皮，也是油膩膩的。

已經用洗碗機了，有些人這麼罵我，但我說的是一種精神，豬油是好吃的，豬油是香的，像我早已說過幾十次、幾

萬遍一樣。

也像我說的，鮭魚刺身別去吃，有蟲的，大家不相信，現在吃出了毛病，又怪誰呢。

我們年紀大了，吃的東西越來越簡單，所以有變成主食控這個講法，其後，年輕人也是主食控，不過他們的主食變成火鍋而已。

窮凶極惡地吃，這個年代總會過去的，花無百日紅，經濟也不會一直好下去，總有衰弱的日子會來到，等到這麼一天，大家都得迫自己去吃簡單的白米飯，去吃一碗麵條。在這種時候沒有來到之前，我們做好準備吧，至少，心理上，我們要學會節制了。

簡單之餘，要求精。炊飯的時間得控制得準，米飯一粒粒煮得亮晶晶的，麵條要有彈力，要有麵的味道。

吃，是一種生活態度、一種熱情，其他的可以消失，但是熱情不可以消失。

一種米，養百種人

在法國南部旅行，每一頓都是佳餚，但吃了三天，就想念中華料理，其實也不一定是咕嚕肉或魚蝦蟹，主要的還是要吃白飯。

義大利好友來港，我帶他到最好的食肆，嘗遍廣東、潮州、上海菜，幾餐下來，他問：「有沒有麵包？」「中餐廳哪來的麵包？」我大罵。他委屈地回道：「其實有牛油也行。」

剛好是家新加坡餐廳，有牛油炒蟹，就從廚房拿了一些，此君把牛油放在白飯上，來杯很燙的滾水衝下去，待牛油熔了，撈著來吃，這是義大利人做飯的方法，也只有讓他胡來了！

一種米，養百種人，這句話說得一點也沒錯，況且世上的米，不下百種。我們最常吃的是絲苗，來自泰國或澳洲，看樣子，瘦瘦長長，的確有吃了不長肉的感覺，怕肥的人最放心；日本米不同，它肥肥胖胖，黏性又重，所以日本人吃飯不是從碗中扒，而是用筷子夾進口，女性又愛又恨，愛的是它很香很好吃，恨的是吃肥人。

香港的飲食，受日本料理的影響已是極深，就連米，也
要吃日本的，我們的旅行團一到日本鄉下的超級市場，首先
衝到賣米的部門，回頭問我：「那麼多種，哪一樣最好？」
價錢不在他們的考慮之中，反正會比在銅鑼灣崇光百貨買
便宜，我總是回答：「新潟縣的越光，而且要魚沼地區生產
的，有信用。」

　　但是魚沼米還不是最好，最好的買不到，那是在神戶吃
三田牛時，友人蕨野自己種的米。他很懂得浪費，把稻種得
很疏，風一吹，蛀米蟲就飄落入水田中，如果貪心，種得很
密的話，那麼蛀蟲會一棵傳一棵。種出的米，表面要磨得
深，才會好看。這一來，米就不香了，他的米只要略磨，所
以特別好吃。向他要了一點，帶回家，怎麼炊都炊不香，後
來才發現家政助理新買了一個電鍋，炊不好日本米。

　　不過這一切都是太過奢侈。從前在日本過著苦行僧式的
生活時，連日本米也不捨得吃，一群窮學生買的是所謂的
「外米（Gaimai）」，那是由緬甸輸入的米，有些斷掉了只剩
半粒。那麼粗糙的米，日本人只用來當成飼料，我們都成為
「畜生」，但當年是半工半讀的，也沒什麼好抱怨的。唸完
書後到臺灣工作，吃的也是這種粗糙的米，他們叫做「在來
米」，不知出自何典。哪有什麼蓬萊米可吃？

蓬萊米是日據時代改良的品種，在臺灣經濟起飛，成為「四小龍」時，才流行起來。口感像日本米，如果你是臺灣人當然覺得比日本米好吃。

我試過的蓬萊米之中，最好吃的是來自一個叫霧社的地區，那裡的松林部落土著種的米，真是極品，但怎麼和日本米比較呢？可以說是不同，各有各的好吃。

始終，我對泰國香米情有獨鍾，愛的是那種幽幽的蘭花香氣，是別的米所沒有的。這種米在越南也可以找到，一般米一年只有一次收成，越南種的有四次之多，但一經戰亂，反過來要從泰國輸入，人間悲劇也。

歐洲國家之中，英國人不懂得欣賞米飯，只加了牛奶和糖當甜品，法國人也只當配菜，吃得最多的是西班牙人和義大利人，前者的小耳朵海鮮飯（Paella）聞名於世；後者的調味飯（Risotto）混了大量的芝士，由生米煮成熟，但也只是半生，說這才有口感 Al Dente（硬一點），其中加了野菌的最好吃。

義大利人也吃米，是從《粒粒皆辛苦》（*Bitter Rice*）一片中得知，但那時候的觀眾，只對女主角肖瓦娜·曼加諾（Silvana Mangano）的大胸部感興趣，我曾前往該產米區玩過，發現當地人有種飯，是把米塞進鯉魚肚子裡做出來的，和順德人的鯉魚蒸飯異曲同工，非常美味。義大利人還有一道鮮為人知的蜜瓜米飯，也很特別。

亞洲人都吃米，印度人吃得最多，他們的羊肉焗飯做得最好，用的是野米，非常長，有絲苗的兩倍，炒得半生熟，混入香料泡過的羊肉塊，放進一個銀盅，上面鋪麵皮放進烤爐焗，香味才不會散。到正宗的印度餐廳，非試這道菜不可，若嫌羊羶，也有雞的，但已沒那麼好吃了。

　　馬來人的椰漿飯也很獨特，是第一流的早餐。另有一種把飯包紮在椰葉中，壓縮出來的飯，吃沙嗲（南洋風味的烤肉串）的時候會同時上桌，也是傳統的飲食文化。

　　新加坡人的海南雞飯，用雞油炊熟，雖香，但也得靠又稠又濃的海南醬油才行。

　　至於中國，簡單的一碗雞蛋炒飯，又是天下美味。不過吃飯，總得花時間去炊，不如用麵粉團貼上烤爐壁即刻做出餅來方便。

　　但大家是否發現，人一吃飯，就變得矮小呢？華人的子女一去到國外，喝牛奶吃麵包，人就高大起來。日本人從前也矮小，改成吃麵包習慣後才長高。印尼女傭都很矮小，如果她們吃麵包，一定會長高得多。

　　吃飯的人，應該是有閒階級的人，比西方人來得優雅。高與矮，已不是重要的了。

一星期不出門，可做七種麵食當早餐

熱愛生命的人，一定早起，像小鳥一樣，他們得到的報酬，是一頓又好吃又豐富的早餐。

什麼叫好？很主觀化。你小時候吃過什麼，什麼就是最好。豆漿油條非我所好，只能偶爾食之。因為我是南方人，粥也不是我愛吃的。我的奶媽從小告訴我：「要吃，就吃飯，粥是吃不飽的。」奶媽在農村長大，當年很少吃過一頓飽飯。從此，我對早餐的印象，一定要有個「飽」字。

後來，幹電影工作，和大隊一起出外景，如果早餐吃不飽，到了十一點鐘整個人已餓昏，更養成習慣，早餐是我生命中最重要的一餐。

進食時，很多人不喜歡和我搭臺坐，我叫的食物太多，引起他們側目之故，一個我心目中的早餐包括八種點心：蝦餃、燒賣、雞雜、蘿蔔糕、腸粉、鯪魚球、粉粿、叉燒包和一盅排骨飯，一個人吃個精光。偶爾來四兩開蒸，時常連灌兩壺濃普洱。

在香港，從前早餐的選擇極多，人生改善後，大家遲起身，可去的地方愈來愈少。代表性的有中環的「陸羽茶室」，

永遠有那麼高的水平，一直是那麼貴；上環的「生記」粥，材料的搭配變化無窮，不像吃粥，像一頓大菜，價錢很合理。

九龍城街市的三樓，可從每個攤子各叫一些，再從其他地方斬些剛烤好的燒肉和剛煮好的盅飯。友人吃過，都說不是早餐，是食物的饗宴。

把香港當中心點，畫個圓圈，距離兩小時的有廣州，「白天鵝酒店」的飲茶一流，做的燒賣可以看到一粒粒的肉，不是機器磨出來的。臺北的，則是街道的切仔面。

遠一點距離四小時的，在新加坡可以吃到馬來人做的椰漿飯（Nasi Lemak），非常可口。吉隆坡附近巴裡小鎮的肉骨茶，吃了一次，從此上癮。

日本人典型的早餐也吃白飯，一片燒鮭魚，一碗味噌湯，並不豐富。寧願跑去二十四小時營業的「吉野家」吃一大碗牛肉丼（日式菜餚，以牛肉、米飯醬油、味醂、酒、糖為主材的菜餚名）。在東京的築地魚市場可吃到「井上」的拉麵和「大壽」的魚生。小店裡老人家在喝酒，一看錶，大清晨五點多，我問道：「喂，老頭，你一大早就喝酒？」他瞄了我一眼：「喂，年輕的，你要到晚上才喝酒？」生活時段不同，習慣各異。我的早餐，是他的晚飯。

愛喝酒的人，在韓國吃早餐最幸福，他們有一種叫「解腸汁」的，把豬內臟熬足七八個小時，加進白飯拌著吃，宿

醉即刻被它醫好。還有一種奶白色的叫「雪濃湯」，天冷時特別暖胃。

再把圓圈畫大，在歐洲最乏味的莫過於酒店供應的「早餐」了，一個麵包，一杯茶或咖啡，就此而已，衝出去吧！到了菜市場，一定找到異國情懷。

問酒店的服務部拿了當地菜市場的地址，跳上的士，目的地到達。在布達佩斯的菜市場裡，可買到一條巨大的香腸，小販攤子上單單芥末就有十多種選擇，用報紙包起，一面散步一面吃，還可以買一個又大又甜的燈籠椒當水果，加起來才一美金。

紐約的「富爾頓」菜市場中賣著剛炸好的鮮蝦，絕對不遜日本人的天婦羅，比吃什麼「美國早餐」好得多。和歐洲酒店供應的「早餐」的不同，只是加了一個炒蛋，最無吃頭。當然，紐約像歐洲，不是美國，所以才有此種享受。賣的地方只有炒蛋和麵包，寧願躲在酒店房吃一碗速食麵。

回到家裡，因為我是個麵痴，如果一星期不出門，可做七種麵食當早餐。星期一，最普通的雲吞麵，前一天買了幾團銀絲蛋麵，再來幾張雲吞皮，自己選料包好雲吞，淥麵吃，再用菜心灼一碟蠔油菜薳。

星期二，福建炒麵，用粗黃的油麵來炒，加大量上湯煨，一面炒一面撒大地魚粉末，添黑色醬油。

星期三，乾燒伊麵，伊麵先出水，備用，炒個你自己喜歡吃的小菜，但要留下很多菜汁，讓伊麵吸取。

星期四，豬手撈麵，前一個晚上紅燒了一鍋豬手，最好熬至皮和肉差那麼一點點就要脫骨的程度，再用大量濃汁來撈麵條。

星期五，泰式街邊「碼麵」，買泰國細麵條淥好，加各種配料，魚餅片、魚蛋、叉燒、炸雲吞、肉碎，淋上大量的魚露和指天椒碎食之。

星期六，簡單一點來個蝦醬麵，用黑麵醬爆香肉碎，黃瓜切條拌之，一面吃麵一面咬大蔥。

禮拜天，把冰箱中吃剩的原料，通通像吃火鍋一樣放進鍋中灼熟，加入麵條。

印象最深的早餐之一，是汕頭「金海灣酒店」為我安排的，到菜市場買潮州人送粥的小點鹹酸甜，一共一百種，放滿整張桌子，看到時已哇哇大叫。

之二，在雲南昆明的酒店裡，擺一長桌，上面都是菜市場買到的當天早上剛剛採下的各種野菇，用山瑞鱉熬成湯底，菇類即灼即食，最後那碗湯香甜到極點。

除了麵，我最愛的就是米粉了

除了麵，我最愛的就是米粉了。米粉基本上用米漿製作，有種種的形態，不可混淆。很粗的叫米線，也有摻了粟粉的越南米線，稱之為「檬」，有點像香港人做的瀨粉。更細的是臺灣米粉，比大陸米粉還要幼細；只有它三分之一粗的，是臺灣新竹縣產的米粉。而天下最細的是摻了麵粉的麵線，比頭髮粗了一點罷了。我們要談的，集中於大陸米粉和臺灣米粉。

米粉製作過程相當繁複，古法是先把優質米洗淨後泡數小時，待米粒膨脹並軟化，放入石磨中用手磨出米漿來。裝入布袋，把米漿中的水分壓幹，就可以拿去蒸了。

只蒸五成熟，取出扭捏成米糰，壓扁，拉條。只有最熟手的工人可以拉出最幼細的米條，即入開水中煮，再過冷河，以免粉條黏黏。最後晒乾之前，拆成一撮撮，用筷子夾起，對摺平鋪在竹篩上，日晒而成。

要做出好的米粉不易，完全靠廠家的經驗和信用，產品幼細，在煮熟後也不折斷，進口有咬頭，太硬或太軟都是次貨，而顏色帶點微黃，要是全為潔潔白白的米粉，那麼一定是經過漂白，不知下了什麼化學物質，千萬別碰。

多年前，還能在「裕華百貨」的地下食品部買到新鮮運來的東莞米粉，拿來煮湯，最為好吃。當今的已多是乾貨了。菜市場中的麵檔，也能買到本地製作的新鮮粗米粉，大多數是供應給越南或泰國餐廳的。

到了高級一點的雜貨店，像九龍城的「新三陽」，就能買到各種乾米粉。最多人光顧的是「孔雀牌」東莞米粉和「雙雀牌」江門排粉，都屬於較粗的中國大陸米粉，茶餐廳所煮的湯米，都用這兩種牌子的貨，它們易斷，味道不是太壞，也並不給人驚為天人的感覺。

質地較韌的有「天鵝牌」，它煮熟後不必過冷河，即可進食，米質也較佳，為泰國製造，「超力」總代理。「超力」自己也生產米粉，若嫌麻煩，要吃即食包裝的銀絲米粉，最有信用。

眾多的米粉之中，我最愛吃的是臺灣的米粉，也有多種選擇。大集團「新東陽」生產的，還有「虎牌」的新竹米粉等，因為臺灣米粉價貴，當今中國大陸在福建也大量生產新竹米粉，只賣五分之一的價錢。

長年的選擇和試食之下，我發現新竹米粉之中，最好吃的是「雙龍牌」，由新華米粉廠製作。

新竹米粉不必煮太久，和速食麵的時間差不多就能進食，也不必過冷河。家裡有剩菜剩湯，翌日加熱水，把新竹米粉放進去滾一滾，就是一樣很好的早餐。

　　米粉和肥豬肉的配合極佳，它能吸收油質。買一罐默林牌的紅燒扣肉罐頭，煮成湯，下米粉，亦簡易。下一點功夫，炆隻豬腳煮米粉，是臺灣人生日必吃的，我也依足這個傳統，在那一天煮碗豬腳米粉，為自己慶祝一下。

　　說到炒，臺灣人的炒米粉可說天下第一了，做法說簡單也簡單，說難亦難，臺灣人娶媳婦，首先叫她炒個米粉判手藝，好壞有天淵之別。配料豐儉由人，最平凡的是只加些豆芽，臺灣叫的高麗菜，香港人的椰菜，就可以炒出素米粉來。豪華的可要用蝦米、豬肉、黑木耳、雞蛋、蔥和冬菇等，也不是太貴的食材，切絲備份用。

　　炒時下豬油，爆香蒜蓉。米粉先浸它十分鐘，撈起下鍋。左手抓鍋鏟，右手抓筷子，迅速地一面翻炒一面攪，才不至於黏底變焦。太乾時，即刻煨浸了蝦米的水，當成上湯，炒至半熟，把米粉撥開，留出中間的空位，再下豬油和蒜，爆香上述配料。這時全部混在一起炒，最後下醬油調味，大功告成。

　　一碟好的炒米粉，吃過畢生難忘。

　　下些味精，無可厚非，但如果你對它敏感，就可炒南瓜米粉。南瓜帶甜，先切成幼絲，炒至半糊，再下米粉混拌。要豪華，加點新鮮蛤蜊肉。臺灣南部的人炒南瓜米粉，最為拿手。

香港茶餐廳中也有炒米粉這一道菜，但沒多少家做得好，九龍城街市三樓熟食檔中的「樂園」，炒的米粉材料中有午餐肉、雞蛋、菜心和肉絲及雪裡紅，非常精彩，我自己不做早餐時就去點來吃。

我們熟悉的星洲炒米，只是下了一些咖哩粉，就冒稱南洋食品，其實它已成為香港菜了，有獨特的風格。

在星馬吃到的炒米粉，多數是海南師傅傳下的手藝。先下油，把泡開的米粉煎至半焦，再炒魷魚、肉片、蝦和豆芽，下點粉把菜汁煮濃，再淋在米粉上面，上桌時等芡汁浸溼了米粉再吃。記憶中，他們用的米粉也很細，不是中國大陸貨，當年又不從新竹進口，南洋應有一些很好的米粉廠供應。

如果你也愛吃米粉，那麼試試自己做吧。煮也好炒也好，失敗幾次就成為高手。也不一定依足傳統，可按照煮麵或義大利麵的方法去嘗試。米粉只是一種最普遍的食材，能不能成為佳餚，全靠你自己的要求。

心目中最完美的蛋

　　我這一生之中，最愛吃的，除了豆芽，就是蛋了。一直在追求一個完美的蛋。

　　但是，我怕蛋黃。這有原因，小時生日，媽媽焓熟了一個雞蛋，用紅紙浸了水把外殼染紅，是祝賀的傳統。當年有一個蛋吃，已是最高享受。我吃了蛋白，剛要吃蛋黃時，警報響起，日本人來轟炸，雙親急著拉我去防空壕，我不捨得丟下那顆蛋黃，一手抓來吞進喉嚨，噎住了，差點兒嗆死，所以長大後看到蛋黃，怕怕。

　　只要不見原形便不要緊，打爛的蛋黃，我一點也不介意，照食之，像炒蛋。說到炒蛋，我們蔡家的做法如下：用一個大鐵鍋，下油，等到油熱得生煙，就把發好的蛋倒進去。事前打蛋時已加了胡椒粉，在炒的時候已沒有時間撒了。雞蛋一下油鍋，即攪之，滴幾滴魚露，就要把整個鍋提高，離開火焰，不然即老。不必怕蛋還未炒熟，因為鐵鍋的餘熱會完成這件工作，這時炒熟的蛋，香味噴出，不必用其他配料。

　　蔡家蛋粥也不賴，先滾了水，撒下一把洗淨的蝦米熬個

湯底，然後將一碗冷飯放下去煮，這時加配料，如魚片、貝根醃肉片、豬肉片。豬頸肉絲代之亦可，或者冰箱裡有什麼是什麼。將芥藍切絲，丟入粥中，最後加三個蛋，攪成糊狀，即成。上桌前滴魚露、撒胡椒、添天津冬菜，最後加炸香的乾紅蔥片或乾蒜蓉。

　　有時煎一個簡單的荷包蛋，也見功力。和成龍一塊兒在西班牙拍戲時，他說他會煎蛋。下油之後，即刻放蛋，馬上知道他做的一定不好吃。油未熱就下蛋，蛋白一定又硬又老。

　　煎荷包蛋，功夫愈細愈好。泰國街邊小販用炭爐慢慢煎，煎得蛋白四周發著帶焦的小泡，最香了。生活節奏快的都市，都做不到。香港有家叫「三元樓」的，自己農場養雞生蛋，專選雙仁的大蛋來煎，也很沒特色。

　　成龍的父親做的茶葉蛋是一流的，他一煮一小耳朵，至少有四五十粒，才夠我們一群餓鬼吃。茶葉、香料都下得足，酒是用 XO 白蘭地，以本傷人。我學了他那一套，到非洲拍飲食電視節目時，當場表演，用的是巨大的鴕鳥蛋，敲碎的蛋殼造成的花紋，像一個花瓶。

　　到外國旅行，酒店的早餐也少不了蛋，但是多數是無味的。飼養雞，本來一天生一個蛋，但急功近利，把雞也給騙了。開了燈當白天，關了當晚上，六小時各一次，一天當兩

天，讓雞生二次，你說怎會好吃？不管他們的炒蛋或奄列，味道都淡出鳥來。解決辦法，唯有自備一包小醬油，吃外賣壽司配上的那一種，滴上幾滴，尚能入喉。更好的，是帶一瓶小瓶的生抽，臺灣製造的民生牌壺底油精為上選，它帶甜味，任何劣等雞蛋都能變成絕頂美食。

走地雞的新鮮雞蛋已罕見，小時聽到雞咯咯一叫，媽媽就把蛋拾起來送到我手中，摸起來還是溫暖的，敲一個小洞吸噬之。現在想起，那股味道有點恐怖，當年怎麼吃得那麼津津有味？因為窮吧。

窮也有窮的樂趣。熱騰騰的白飯，淋上豬油，打一個生雞蛋，也是絕品。但當今生雞蛋不知有沒有細菌，看日本人早餐時還是用這種吃法，有點心寒。

鵪鶉蛋雖說膽固醇最高，也好吃，香港「陸羽茶室」做的點心鵪鶉蛋燒賣，很美味。鴿子蛋煮熟之後蛋白呈半透明，味道也特別好。

由鴨蛋變化出來的鹹蛋，要吃就吃蛋黃流出油的那種。我雖然不喜蛋黃，但鹹蛋的能接受。放進月餅裡，又甜又鹹，很難頂，留給別人吃吧。至於皮蛋，則非溏心不可。香港鏞記的皮蛋，個個溏心，配上甜酸薑片，一流也。

上海人吃燻蛋，蛋白硬，蛋黃還是流質。我不太愛吃，只取蛋白時，蛋黃黏住，感覺不好。臺灣人的鐵蛋，讓年輕

人去吃，我咬不動。不過他們做的滷蛋簡直是絕了。吃滷肉飯、擔仔麵時沒有那半邊滷蛋，遜色得多。

魚翅不稀奇，桂花翅倒是百食不厭，無他，有雞蛋嘛。炒桂花翅卻不如吃假翅的粉絲。蔡家桂花翅的祕方是把豆芽浸在鹽水裡，要浸個半小時以上。下豬油，炒豆芽，兜兩下，只有五成熟就要離鍋。這時把拆好的螃蟹肉、發過的江瑤柱和粉絲炒一炒，打雞蛋進去，蘸酒、魚露，再倒入芽菜，即上桌，又是一道好菜，但並非完美。

去南部里昂，找到法國當代最著名的廚師保羅‧博古斯，要他表演燒菜拍電視。他已七老八十，久未下廚，向我說：「看老友分上，今天破例。好吧，你要我煮什麼？」「替我弄一個完美的蛋。」我說。保羅抓抓頭皮說：「從來沒有人這麼要求過我。」

說完，他在架子上拿了一個平底的瓷碟，不大，放咖啡杯的那種。滴上幾滴橄欖油，用一個鐵夾子夾著碟，放在火爐上烤，等油熱了才下蛋，這一點中西一樣。開啟蛋殼，分蛋黃和蛋白，蛋黃先下入碟中，略熟，再下蛋白。撒點鹽，撒點西洋芫荽碎，把碟子從火爐中拿開，即成。

保羅解釋：「蛋黃難熟，蛋白易熟，看熟到什麼程度，就可以離火了。雞蛋生熟的喜好，世界上每一個人都不同，只有用這個方法，才能弄出你心目中最完美的蛋。」

十五道家常菜，可當教材

在我的電視節目中，介紹過不少餐廳，貴的也有，便宜的也有，但都美味。

「你試過那麼多，哪一間最好？」女主持問。「最好，」我說，「當然是媽媽燒的。」所以在最後一集的《蔡瀾品味》中，我將訪問四個家庭，讓主婦為我們做幾個家常菜，給不入廚的未婚女子做做參考，以這些數據，學習照顧她們的下一代。即使有家政助理，偶爾自己燒一燒，也會得到家人的讚許。

首先，我們會去上海友人的家，他媽媽將示範最基本、最傳統的上海小菜：烤麩。烤麩看起來容易，其實大有學問。扮相極為重要，第一眼要是看到那些麩是刀切的，一定不及格。烤麩的麩，非手掰不可。

蔥烤鯽魚也是媳婦的招牌菜，由怎麼選蔥開始教起。如果鯽魚有春當然更好，但無子時也能做出佳餚。可以熱吃，也可以從冰箱拿出來，吃鯽魚汁凍，甚為美味。

友人的媽媽說有朋自遠方來，不可只吃這些小菜，要另外表演紅燒元蹄、蝦腦豆腐和甜品酒釀丸子，當然樂意。

福建家庭做的，當然有他們的拿手好戲：包薄餅。可不能小看，至少得兩三天準備，把蔬菜炒了又炒。各種配料，當中不能缺少的是虎苔，那是一種味道極為鮮美的紫菜。除了做法，還得教吃法。最古老的，是包薄餅時留下一個口，把蔬菜中的湯汁倒入。這一點，鮮為人知。吃完薄餅，在傳統上得配白粥。

　　從白粥接到潮州家庭的糜，和各類配糜的小菜。潮州人認為鹹酸菜和韓國人的金漬一樣重要，外面買固然方便，但自己動手，又怎麼做呢？教大家醃鹹酸菜和欖菜。

　　又買蝦毛回來，以鹽水煮熟，成為魚飯。做到興起，來一道蠔烙，此菜家家製法不同，友人母親做的是不下蛋的。我要求最愛吃的拜神肉，那是用一大塊五花腩切成大條，再用高湯煮熟，待冷後，切成薄片，拿去煎蒜蓉。煎得略焦，是無上的美味。友人媽媽更不罷休，最後教我們怎麼做豬腸灌糯米。

　　廣東人的家庭，最典型的菜是煲湯了。煲湯也不是把各種材料扔進小耳朵那麼簡單，要有程序；如何觀察火候，也是祕訣。煲給未來女婿喝，不可馬虎。

　　最家常的有蒸鯇魚和蒸鹹魚肉餅等，最後炒個菜，看市場當天有什麼最新鮮的就炒什麼，愈方便愈快速為基本，都是在餐廳中吃不到的美味。

「除了媽媽做的菜，還有什麼？」女主持又問。「當然，是和朋友一齊吃的。」我回答。

很多人還以為我只會吃，不會煮，那就乘機表演一下。在最後一個環節，我將請那群女主持按照我的家庭菜逐味去做。

天冷，芥藍最肥，買新界種的粗大芥藍切備份用。另一邊廂，用帶肉的排骨，請肉販斬件，汆水。燒鍋至紅，下豬油和整粒的大蒜瓣數十顆，把排骨爆香，隨即撈起放入鍋中，加水便煮。炆二十分鐘後下大芥藍和一大湯匙的普寧豆醬，再炆十分鐘，一小耳朵的蒜香炆排骨就能上場。

白灼牛肉。選上等牛肉，片成薄片。一小耳朵水，待沸，下日本醬油。日本醬油滾後才不會變酸，又下大量南薑蓉，可在潮州雜貨店買到，南薑蓉和牛肉的配搭最佳。湯一滾，就把牛肉扔進去，這時即刻把肉撈起。

等湯再滾，下豆芽。第三次滾時，又把剛才灼好的牛肉放進去，即成。

生醃鹹蟹，這道菜我母親最拿手，把膏蟹養數日，待內臟清除，並洗個乾淨，切塊，放在鹽水、豉油和魚露中泡大蒜辣椒半天，即可。吃之前把糖花生條舂碎，撒上，再淋大量白米醋，加芫荽，味道不可抗拒。

豬油渣炒肉丁，加辣椒醬、柱侯醬，如果找到仁棯一齊

炒，更妙。鹹魚醬蒸豆腐。蕃薯葉灼後，淋上豬油。五花腩片，用臺灣甜榨菜片加流浮山蝦醬和辣椒絲去蒸，不會失敗。

苦瓜炒苦瓜，用生切苦瓜和灼得半熟的苦瓜去炒豆豉。開兩罐罐頭，默林牌的扣肉和油燜筍炒在一起，簡單方便。酒煮 Kinki 魚（喜知次魚），一面煮一面吃，見熟就吃，不遜蒸魚。瓜仔雞鍋，這是從臺灣酒家學到的菜，買一罐醃製的脆瓜，和氽水的雞塊一齊煮，煮得愈久愈出味。

來一道西餐做法，把大蟶子，洋人稱為剃刀蟶，用牛油爆香蒜蓉，放蟶子進小耳朵中，注入半瓶白酒，上鍋蒸焗一會兒，離火用力搖勻，撒上西洋芫荽碎，即成。

又做三道湯，分餐前、吃到一半，以及最後喝：第一道簡單地用幹公魚仔和大蒜瓣煮個十分鐘，下大量空心菜；第二道燉乾貝和蘿蔔；第三道是魚蝦蟹加在一起滾大芥菜和豆腐，加肉片、生薑。

一共十五道家常菜，轉眼間完成，可當教材。

天天吃麵，成為一個麵痴

我已經不記得是什麼時候，成為一個麵痴。只知從小媽媽叫我吃白飯，我總推三推四；遇到麵，我搶，怕給哥哥姐姐們先掃光。「一年三百六十五日，天天給你吃麵好不好？」媽媽笑著問。我很嚴肅地大力點頭。

第一次出國，到了吉隆坡，聯邦酒店對面的空地是的士站，專坐長程車到金馬崙高原，三四個不認識的人可共乘一輛。到了深夜，我看一攤小販，店名叫「流口水」，服務的士司機。肚子餓了，吃那麼一碟，美味之極，從此中毒更深。

那是一種叫福建炒麵的，只在吉隆坡才有，我長大後去福建，也沒吃過同樣味道的東西。首先，是麵條，和一般的黃色油麵不同，它比日本烏龍麵還要粗，切成四方形的長條。下大量的豬油，一面炒一面撒大地魚粉末和豬油渣，其香味可想而知，帶甜，是淋了濃稠的黑醬油，像海南雞飯的那種。配料只有幾小塊魷魚和肉片，炒至七成熟，撒一把椰菜豆芽和豬油渣進去，上鍋蓋，讓料汁炆進面內，開啟鍋蓋，再翻兜幾下，一碟黑漆漆、烏油油的福建炒麵大功告成。

有了吉隆坡女友之後，去完再去，福建炒麵吃完再吃，

有一檔開在銀行後面，有一檔在衛星市 PJ（吉隆坡最早的衛星市八打靈再也），還有最著名的茨廠街「金蓮記」。

最初接觸到的雲吞麵我也喜歡，記得是「大世界遊樂場」中由廣州來的小販，老闆夥計都是一人包辦。連工廠也包辦。一早用竹竿打麵，下午用豬骨和大地魚滾好湯，晚上賣麵。宣傳部也由他負責，把竹片敲得篤篤作響。

湯和麵都很正宗，只是叉燒不同。豬肉完全用瘦的，塗上麥芽糖，燒得只有紅色，沒有焦黑，因為不帶肥，所以燒不出又紅又黑的效果來。從此一脈相傳，南洋的叉燒麵用的叉燒，都又枯又瘦。有些小販手藝也學得不精，難吃得要命，但這種難吃的味道已成為鄉愁，會專找來吃。

南洋的雲吞麵已自成一格，我愛吃的是乾撈，在空碟上下了黑醋、醬油、番茄醬、辣醬。麵淥好，甩乾水分，混在醬料中，上面鋪幾條南洋天氣下長得不肥又不美的菜心，再有幾片雪白帶紅的叉燒。另外奉送一小碗湯，湯中有幾粒雲吞，包得很小，皮多餡少。致命的引誘，是下了大量的豬油渣，和那碟小醬油中的糖醋綠辣椒，有這兩樣東西，什麼料也可以不加，就能連吃三碟，因為麵的分量到底不多。

二十世紀六十年代到了日本，他們的經濟尚未起飛，民生相當貧困。新宿西口的車站是用木頭搭的，走出來，在橋下還有流鶯，她們吃的宵夜，就是小販檔的拉麵。湊上去試

一碗，那是什麼麵？硬繃繃的麵條，那碗湯一點肉味也沒有，全是醬油和水勾出來的，當然下很多的味精，但價錢便宜，是最佳選擇。

當今大家吃的日本拉麵，是數十年後經過精益求精的結果，才有什麼豬骨湯、麵豉湯底的出現，要是現在各位吃了最初的日本拉麵，一定會吐出來。

速食麵也是那個年代才發明的，但可以說和當今的產品同樣美味，才會吃上癮，或者說是被迫吃上癮吧！那是當年最便宜最方便的食物，家裡是一箱箱地買，一箱二十四包，年輕胃口大，一個月要吃五六箱。什麼？全吃速食麵？一點也不錯，薪水一發，就請客去，來訪的友人都不知日本物價的貴，一餐往往要吃掉我十分之八九的收入，剩下的，就是交通費和速食麵了。

最原始的速食麵，除了那包味精粉，還有用透明塑膠紙包著的兩片竹筍乾，比當今什麼料都不加的豪華，記得也不必煮，泡滾水就行。醫生勸告味精吃得太多對身體有害，也有三姑六婆傳說速食麵外有一層蠟，吃多了會積一團在肚子裡面。完全是胡說八道，速食麵是恩物，我吃了幾十年，還是好好活著。

到韓國旅行，他們的麵用雜糧製出，又硬又韌。人生第一次吃到一大湯碗的冷麵，上面還浮著幾塊冰，侍者用剪刀

剪斷，才吞得進去。但這種麵也能吃上癮，尤其是乾撈，混
了又辣又香又甜的醬料進去，百食不厭，至今還很喜歡，也
製成了速食麵，常買來吃。至於那種叫「辛」的即食湯麵，
我就遠離，雖然能吃辣，但不能喝辣湯，一喝喉嚨就紅腫，
拚命咳嗽起來。

當今韓國作為國食的炸醬麵，那是山東移民的專長，即
叫即拉。走進餐廳，一叫麵就會聽到砰砰砰砰的拉麵聲，什
麼料也沒有，只有一團黑漆漆的醬，加上幾片洋蔥，吃呀吃
呀，變成韓國人最喜歡的東西，一出國，最想吃的就是這碗
炸醬麵，和香港人懷念雲吞麵一樣。

說起來又記起一段小插曲，我們一群朋友，有一個畫家，
小學時摔斷了一隻胳臂，他是一個孤兒，愛上另一個華僑的女
兒，我們替他去向女友的父親做媒，那傢伙說我女兒要嫁的是
一個會拉麵的人，我們大怒，說你明明知道我們這個朋友是獨
臂的，還能拉什麼麵？說要打人，那個父親逃之夭夭。

去到歐洲，才知道義大利人是那麼愛吃麵的，但不叫麵，
叫粉。你是什麼人，就吃什麼東西。義大利人雖然吃麵，但跟
我們的完全不同，他們一開始就把麵和米煮得半生不熟，說那
是最有「齒感」或「咬頭」的，我一點也不贊成。唯一能接受
的是「天使的頭髮」（Capflli Dángelo），它和雲吞麵異曲同工。
後來，在義大利住久了，也能欣賞他們的粗麵，所謂的意粉。

意粉要做得好吃不易，通常照紙上印的說明，再加一二分鐘就能完美。義大利有一種地中海蝦，頭冷凍得變成黑色，肉有點發霉。但別小看這種蝦，用幾尾來拌意粉，是天下美味。其他蝦不行。用香港蝦，即使活生生的，也沒那種地中海海水味。談起來抽象，但試過的人就知道我在說些什麼了。

也有撒上烏魚子的意粉撒上芝士粉的意粉，永遠和麵本身不融合在一起，芝士是芝士，粉是粉。但有種烹調法，是把像廚師砧板那麼大的一塊芝士，挖深了，成為一個鼎，把面淥熟後放進去撈拌，是最好吃的義大利麵。

到了東歐，找不到麵食。後來住久了，才知道有種雞絲麵，如牙籤般細，也像牙籤那麼長，很容易煮熟。滾了湯，撒一把放進去，即成。因為沒有雲吞麵吃，就當它是了，湯很少，麵多，慰藉鄉愁。

去了印度，找小時愛吃的印度炒麵，它下很多番茄醬和醬油去炒，配料只有些椰菜、煮熟了的蕃薯塊、豆卜和一丁點兒的羊肉，炒得麵條完全斷掉，是我喜歡的。但沒有找到，原來我吃的那種印度炒麵，是移民到南洋的印度人發明的。

在臺灣生活的那幾年，麵吃得最多，當年還有福建遺風，炒的福建麵很道地，用的當然是黃色的油麵，下很多料，計有豬肉片、魷魚、生蠔和雞蛋。炒得半熟，下一大碗湯下去，上蓋，炆熟為止，實在美味，吃得不亦樂乎。

本土人做的叫切仔麵，所謂「切」，是潒的意思。切，也可以真切，把豬肺、豬肝、煙燻黑魚等切片，亂切一通，也叫「黑白切」，撒上薑絲，淋上濃稠的醬油膏當料，非常豐富，是我百吃不厭的。

　　他們做得最好的當然是「度小月」一派的擔仔麵，把麵潒熟，再一小茶匙一小茶匙地把肉末醬澆上去，至今還保留這個傳統，麵擔一定擺著一缸肉醬，吃時來一粒貢丸或半個滷雞蛋，麵上也加了些芽菜和韭菜，最重要的是酥炸的紅蔥頭，香港人叫幹蔥的，有此物，才香。

　　回到香港定居，也吃上海人做的麵，不下雞蛋，也沒有鹼水，不香，不彈牙。此種麵我認為沒味道，只是代替米飯來填肚而已，但上海友人絕不贊同，罵我不懂得欣賞，我當然不在乎。

　　上海麵最好吃的是粗炒，濃油赤醬地炒將起來，下了大量的椰菜，肉很少，但我很喜歡吃。至於他們的煨麵，煮得軟綿綿，我沒什麼興趣。焦頭，等於一小碟菜。來一大碗什麼味道都沒有的湯麵，上面淋上菜餚，即成。我也不覺得有什麼特別之處。最愛的是蔥油拌麵，把京蔥切段，用油爆焦，就此拌麵，什麼料都不加，非常好吃。可惜當今到滬菜館，一叫這種麵，問說是不是下豬油，對方都搖頭。蔥油拌麵，不用豬油，不如吃發泡膠。也有變通辦法，那就是另叫

一客紅燒蹄髈，撈起豬油，用來拌麵。

香港什麼麵都有，但泰國的乾撈麵叫 Ba-Mi Hang，就少見了，我再三提倡這種街邊小吃，當今在九龍城也有幾家人肯做，用豬油，灼好豬肉碎、豬肝和豬肉丸，撒炸幹蔥和大蒜蓉，下大量豬油渣，其他還有數不清的配料，麵條反而是一小撮而已，也是我的至愛。

想吃麵想得發瘋時，可以自己做，每天早餐都吃不同的麵，家務助理被我訓練得都可以回老家開麵店。星期一做雲吞麵，星期二做客家人的茶油拌麵，星期三做牛肉麵，星期四做炸醬麵，星期五做打滷麵，星期六做南洋蝦面，星期天做蔡家炒麵。

蔡家炒麵承受福建炒麵的傳統，用的是油麵，先用豬油爆香大蒜，放麵條進鍋，亂炸一通，看到麵太乾，就下上湯煨之，再炒，看乾了，打兩三個雞蛋，和麵混在一塊，這時下臘腸片、魚餅和蝦，再炒，等料熟，下濃稠的黑醬油及魚露吊味，這時可放豆芽和韭菜，再亂炒，上鍋蓋，燜它一燜，熄火，即成。

做夢也在吃麵。飽得再也撐不進肚，一般人說飽，拍拍肚子；日本人說飽，用手放在頸項；西班牙人吃飽，是雙手指著耳朵示意已經飽得從雙耳流出來。我做的夢，多數是流出麵條來。

最喜歡的七種麵

南方人很少像我那麼愛吃麵吧？三百六十五日，天天食之，也不厭，名副其實的一個麵痴。

麵分多種，喜歡的程度有別，從順序算來，我認為第一是廣東又細又爽的雲吞麵條，第二是福建油麵，第三是蘭州拉麵，第四是上海麵，第五是日本拉麵，第六是義大利麵，第七是韓國蕃薯麵。而日本人最愛的蕎麥麵，我最討厭。

一下子不能聊那麼多種，集中精神談吃法，最大的分為湯麵和乾麵。兩種來選，我還是喜歡後者。一向認為麵條一浸在湯中，就遜色得多；乾撈來吃，下點豬油和醬油，最原汁原味了。面渌熟了撈起來，加配料和不同的醬汁，攪勻之，就是拌麵了，撈麵和拌麵，皆為我最喜歡的吃法。

廣東的撈麵，從什麼配料也沒有，只有幾條最基本的薑絲和蔥絲，稱為薑蔥撈麵，我最常吃。接下來豪華一點，有點叉燒片或叉燒絲，也喜歡。撈麵變化諸多，柱侯醬（佛山特產）的牛腩撈麵、甜麵醬和豬肉的京都炸醬麵為代表，其他有豬手撈麵、魚蛋牛丸撈麵、牛百葉撈麵等，數之不清。

有些人吃撈麵的時候，吩咐說要粗麵，我反過來要叮

嚀,給我一碟細麵。廣東人做的細麵是用麵粉和雞蛋搓捏,又加點鹼水,製麵者以一竿粗竹,在麵糰上壓了又壓,才夠彈性,用的是陰柔之力,和機器打出來的不同。鹼水有股味道,討厭的人說成是尿味,但像我這種喜歡的,麵不加鹼水就覺得不好吃,所以愛吃廣東雲吞麵的人,多數也會接受日本拉麵的,兩者都下了鹼水。

北方人的涼麵和拌麵,基本上像撈麵。雖然他們的麵條不加鹼水,缺乏彈性,又不加雞蛋,本身無味,但經醬汁和配料調和,味道也不錯。最普通的是麻醬涼麵,麵條淥熟後墊底,上面鋪黃瓜絲、胡蘿蔔絲、豆芽,再淋芝麻醬、醬油、醋、糖及麻油,最後還要撒上芝麻當點綴。把配料和麵條拌了起來,夏天吃,的確美味。

日本人把這道涼麵學了過去,麵條用他們的拉麵,配料略同,添多點西洋火腿絲和雞蛋,加大量的醋和糖,酸味和甜味很重,吃時還要加黃色芥末調拌,我也喜歡。

初嘗北方炸醬麵,即刻愛上。當年是在韓國吃的,那裡的華僑開的餐廳都賣炸醬麵,叫了一碗就從廚房傳來砰砰的拉麵聲,拉長淥後在麵上下點洋蔥和青瓜,以及大量的山東麵醬,就此而已。當今物資豐富,其他地方的炸醬麵加了海參角和肉碎肉臊等,但都沒有那種原始炸醬麵好吃,此麵也分熱的和冷的,基本上是沒湯的拌麵。

四川的擔擔麵我也中意，我在南洋長大，吃辣沒問題，擔擔麵應該是辣的，傳到其他各地像把它閹了，缺少了強烈的辣，只下大量的花生醬，就沒那麼好吃。每一家人做的都不同，有湯的和沒湯的，我認為乾撈拌麵的擔擔麵才是正宗，不知說得對不對。

義大利的所謂意粉，那個粉字應該是麵才對。他們的拌麵煮得半生不熟，要有咬頭才算合格。到了義大利當然學他們那麼吃，可是在外地做就別那麼虐待自己，麵條煮到你認為喜歡的軟熟度便可。天使麵最像廣東細麵，醬汁較易入味。

最好的是用一塊大龐馬山芝士，像餐廳廚房中的那塊又圓又大又厚的砧板，中間的芝士被刨去作其他用途，凹了進去，把麵淥好，放進芝士中，亂撈亂拌，弄出來的麵非常好吃。

至於韓國的冷麵，分兩種，一是浸在湯水之中，加冰塊的蕃薯麵，上面也鋪了幾片牛肉和青瓜，沒什麼味道，只有韓國人特別喜愛，他們還說朝鮮的冷麵比韓國的更好吃。我喜歡的是他們的撈麵，用辣椒醬來拌，也下很多花生醬，香香辣辣，刺激得很，吃過才知好，會上癮的。

南洋人喜歡的，是黃顏色的粗油麵，也有和香港雲吞麵一樣的細麵，但味道不同，自成一格。馬來西亞人做的撈麵

下黑漆漆的醬油，本身非常美味，但近年來模仿香港麵條，愈學愈糟糕，樣子和味道都不像，反而難吃。

我不但喜歡吃麵，連關於麵食的書也買，一本不漏，最近購入一本程安琪寫的《涼麵與拌麵》，內容分中式風味、日式風味、韓式風味、意式風味和南洋風味。最後一部分，把南洋人做的涼拌海鮮麵、椰汁咖哩雞拌麵、酸辣拌麵、牛肉拌粿條等也寫了進去，實在可笑。

天氣熱，各地都推出涼麵，作者以為南洋人也吃，豈不知南洋雖熱，但所有小吃都是熱的，除了紅豆冰，冷的東西是不去碰的。而天冷的地方，像韓國，冷麵也是冬天吃的，坐在熱烘烘的炕上，全身滾熱，來一碗涼麵，吞進胃，聽到嗞的一聲，好不舒服。但像我這種麵痴，只要有麵吃就行，哪管在冬天夏天呢。

炒飯，最基本最好吃

　　人類發現了米食之後，就學會炒飯了。炒飯應該是最普遍的一道菜，雖不入名點之流，最不被人看重，但其實是最基本最好吃的東西。

　　當中以揚州炒飯聞名於世，已有人搶著把這個名字註冊下來，現在引用，不知道要不要付版權費？什麼叫揚州炒飯？找遍食譜，也沒有規定的做法。像四川的擔擔麵，每家人做出來的都不同。揚州炒飯基本上只是蛋炒飯，配料隨便你怎麼加。我到過揚州，也吃過他們的炒飯，絕對沒有一吃就會大叫「啊！這是揚州炒飯呀」的驚喜。

　　和炒麵一樣，炒飯最主要是用豬油，才夠香。其他香味來自蛋，分兩種：把蛋煎好，搞碎了，混入飯中的；把蛋打在飯上，炒得把蛋包住米粒上的。後者甚考功夫，先要把飯炒得很乾，每一粒都會在鍋上跳動時，才可打蛋進去。不斷地翻炒，炒到一點蛋碎也看不見，全包在飯上，才算及格。

　　飯與麵不同，較能吸味，所以炒時注重「乾」，而非炒麵注重的「溼」，麵條不容易吸收配料的湯汁，故要以高湯煨之，飯不必。配料則是你想到什麼是什麼，冰箱中有什麼

用什麼，最隨意了。一般用的是豬肉、臘腸、魷魚、蝦、叉燒等，都要切成粒狀，吃起來才容易和飯粒一塊扒進口，樣子也不會因為太大塊而喧賓奪主。

　　蔬菜方面，豆芽、韭菜等都不適用，因為太長了，和飯粒不調和；很多人喜歡用已經煮熟的青豆，大小不會相差得太遠。其實大棵的蔬菜也可入饌，只要切成絲就是，生菜絲也常在炒飯中見到，較為特別的是用芥藍，潮州人的蛋白芥藍炒飯，一白一綠相映成趣，味道也配合得極佳。

　　用蛋白來炒，一般人認為膽固醇較低，瘦身者尤其喜愛。但是炒飯中的蛋，若無蛋黃，就沒那麼香了，這是永恆的道理，不容置疑。

　　廣東的薑汁炒飯可以暖胃，大家都以為是把薑磨後，用擠出來的薑汁來炒，其實不然。只用薑汁，不夠辛辣，要用姜渣才夠味，這是粵菜老師傅教的。

　　如果食慾不振，那麼炒飯要濃味才行，這時最好是下蝦膏，有了蝦膏刺激胃口，這一碟炒飯很難做得失敗，只要注意別放太多，過鹹就不容易救活了。流浮山餐廳中的蝦膏炒飯，用當地制的高質蝦膏，再把活生生的海蝦切塊，一起炒之，單單這兩味材料，就是一碟非常出色的炒飯。

　　炒飯中加了鹹魚粒，也是一絕，但不可用太乾太硬的馬友魚，白也不行，它多骨。最好的是又黴又軟的梅香之魚，

注意將骨頭完全去掉就是。

　　凡是吃米飯的國家，都有它們特色的炒飯，已經成為國際酒店中必有的名菜印尼炒飯，做法是用鮮魷魚肉和蝦，加帶甜的濃醬油炒出來，上桌之前煎一個蛋，鋪在飯上，再來兩串沙嗲，一小碟點沙嗲的醬放在碟邊，就是印尼炒飯了。但是在印尼吃的完全不是這種方法。

　　印度人則不太吃炒飯，和移民到南洋印度人炒的麵一樣，加點紅咖哩汁去炒。他們又常把飯用黃姜炒了，加點羊肉，再放進砂鍋中去焗。焗多過炒，不在我炒飯範圍內談論。

　　韓國人雖也食米，但他們的飯食拌的居多，所謂的石頭鍋飯，也是在各種蔬菜中加了辣椒醬拌出來的。唯一見到他們的炒飯，是在他們吃火鍋之後，把剩下的料和湯倒出來，放泡菜進去，炒得極乾，再放回料和湯汁去煨。這時打蛋進去，最後加蔥、水芹菜和海苔兜幾下，炒得有點焦，才叫正宗。

　　日本的中華料理店可以找到炒飯，但這一味中華料理，他們怎麼學都做得不像樣，可能是他們不會用隔夜飯，又因為日本米太肥太黏之故。

　　反而是他們吃鐵板燒時，最後將牛脂肪爆脆，再放飯和蛋去炒的，做得精彩。

　　到了西方，西班牙人做的海鮮飯也是煸，只有義大利的調味飯（Risono）才像炒飯，他們用的多是長條的野米，先把牛油下鍋，一邊生炒野米一邊下雞湯，也下白餐酒，炒到熟為止，最後撒上大量的巴馬臣（Parmesan）芝士絲，大功告成。配料任加，有香腸、肉片、海鮮等，甚至於水果也能放進去炒一炒。

　　這種炒法，在什麼地方看過？原來是生炒糯米飯的時候。此門技術最高超，米由生的炒到熟，非歷久的經驗和力大的手腕不可。糯米又容易黏起來，一定要不斷翻炒才行，用野米的話，就沒那麼辛苦。我想馬可·波羅學回去的，就是生炒糯米飯了。

　　戲法人人會變。母親一聽到兒女肚子餓了，找出昨夜吃剩的冷飯，加點油入鍋，炒一炒，打個雞蛋下去，兜兩下即成，看見孩子們吃得津津有味，老人心懷歡慰，就此而已。

　　這個印象永留至今，如果問說天下炒飯哪一種最好吃，那當然還是慈母的了。

最好喝的湯，是家常的美味

你喝些什麼湯？記者問。

最好喝的當然不是什麼魚翅鮑魚之類，而是家常的美味。每天煲的湯，當然是最容易買到的當造食材。

今天喝些什麼呢？想不到，往九龍城菜市場走一趟，即刻能決定。

看到肥肥胖胖的蓮藕，就想到章魚、蓮藕豬骨湯了，回到家裡，拿出從韓國買回來的巨大八爪魚乾來，洗個乾淨，用剪刀分為幾塊，放進陶煲內。排骨選尾龍骨那一大塊，肉雖少，但骨頭最出味，極甜。另外把蓮藕切得大大塊地投入，煲個兩三個鐘頭，煲出來的湯是粉紅色，就是上海人倪匡兄最初見到，都形容不出，把它叫做「曖昧」的顏色。他試過一口即愛上，佩服廣東人怎麼想得出來。

當今天氣炎熱，蔬菜不甜又老，最好還是吃瓜，而瓜類之中，我最愛的還是苦瓜。用小排骨，即肉排最下面那幾條，斬成小件，加大量黃豆，苦瓜切成大片，最後加進去才不會太爛，這口湯，也是甜得要命，又帶苦味來變化，的確百喝不厭。

至於要煲多久，全憑經驗，有心人失敗過幾次就能掌握，一直喊不會煲湯的人，是懶人。

雖說天熱蔬菜不佳，但也有例外，像空心菜，也叫蕹菜，就愈熱愈美。買一大把回來，先把江魚仔，就是鰛魚乾，到處能買到，但在檳城買到的最鮮甜，去掉中間的那條骨，分為兩瓣那種，滾兩滾，味出，即下蕹菜和大量蒜頭，煮出來的湯也異常美味。

老火湯太濃，不宜天天喝，要煮這種簡易的清湯來中和一下。

清爽一點的還有鯇魚片芫荽湯，鯇魚每個街市都有，買肚腩那塊，去掉大骨，切成薄片，先把大量芫荽放進去滾，湯一滾，投入鯇魚片，即收火，這時的湯是碧綠色，又漂亮又鮮甜。

我喜歡的湯，是好喝之餘，湯渣還能吃個半天的，像胡蘿蔔煲粟米湯，粟米要買最甜的那種，請小販們介紹好了，自己分辨不出的。如果要有療效，那麼放大量的粟米鬚好了，可清肺。下排骨煲個一小時，喝完撈出粟米，蘸點醬油來啃，可當點心。

說到蘿蔔，青紅蘿蔔煲牛腱，最好是五花腱，再下幾粒大蜜棗，一定好喝。從前方太還教了我一招，那就是切幾片四川榨菜進去，味道變為複雜，口感爽脆。牛腱撈出切片，淋上些蠔油，又是一道好餸（下飯的菜）。

花生煲豬尾也好喝，大量大粒的生花生下鍋，和豬尾煲一兩個小時，湯又濃又甜。我發現正餐之間，肚子餓起來，最好別亂吃東西，否則影響胃口，這時吃幾小碗花生好了。豬尾只吃一兩小段，其實當今的豬，尾巴都短，要多吃也吃不到。

豬尾豬手，毛一定要刮乾淨，除了用火槍燒之，另外就是用剃刀仔細刮個清清楚楚，不然吃到皮上的硬毛，心中也會發毛，有時怎麼清潔都剩下一些，是最討厭的事。我曾經一而再，再而三地問那些豬腳專門市如何去毛，他們也說除了上述，沒有其他辦法。

說到豬腳，北方人多數不介意前蹄或後腳，廣東人叫前蹄為豬手，後跰為豬腳，就容易分辨。總之，肉多的是腳，骨頭和筋多的，就是手了。

當今的南洋肉骨茶也開始流行起來，到肉販處買排骨時，吩咐要肉少的首條排骨（肉太多了一吃就飽），再去超級市場買肉骨茶湯包，放進去煲它兩小時就能上桌。別忘記下蒜頭，一整顆，用汽水蓋甌去尾部的細沙就可投入。喝時會發現蒜頭比肉美味。如果要求高些，當然要買最正宗最好喝的新加坡「黃亞細」湯包，雖然比一般的價高，但是值得的。煲時除了排骨，可下粉腸及豬肝，豬腰則要到最後上湯時灼一灼即可。

　　在家難於處理的是杏仁白肺湯，可給多點錢請肉販為你洗個乾淨，加入豬骨和杏仁進去煲，煲至一半，另取一撮杏仁用打磨機磨碎再加上，這麼一來杏仁味才夠濃。

　　要湯味濃也只有用這方法，像煲西洋菜陳皮湯，四五個人喝的分量，最少要用上五斤的西洋菜，一半一早就煲，另一半打碎了再煲。肉最好是用帶肥的五花腩，煲出來油都被西洋菜吸去，不怕太膩。總之要以本傷人，煲出一大堆湯渣來也可當菜吃。

　　另一種一般家庭已經少煲的湯是生熟地湯，用大量豬肉豬骨，煲出黑漆漆的湯來，北方人一見就怕，我們笑嘻嘻地喝個不停，對身體又好。

　　跳出框框來個湯最好，當今的冬瓜盅喝慣了已不覺有何特別，最近在順德喝的，不是把冬瓜直放，切開四分之一的口來做，而是把冬瓜擺橫，開三分之一的口，瓜口不放夜香花，而以薑花來代替，裡面的料是一樣的，但拿出來時扮相嚇人，當然覺得更是好喝了。

　　不過我喝過的最佳冬瓜盅，是和家父合作的，他老人家在瓜上用毛筆題首禪詩，我用刻圖章的刀來雕出圖案，當今已成絕響。

餃子，還是大夥一塊包、一塊煮、一塊吃最好

餃子命不好，總在麵和飯的後面，不算是主食，也並非點心，餃子的地位並不高，只做平民，當不上貴族。

對北方人來說，餃子是命根兒，他們胃口大，一吃五十個，南方人聽了咋舌。我起初也以為是胡說，後來看到來自山東的好友吃餃子，那根本不叫吃，而是吞，數十粒水餃熱好用個碟子裝著，就那麼扒進口，咬也不咬，五十個？等閒事。

印象最深的也是看他們包水餃了，皮一定要自己擀，用個木棍子，邊滾邊壓，圓形的一張餃子皮，就那麼製造出來。仔細看，還有巧妙，皮的四周比中間薄一半，包時就那麼一二三下用雙手把皮疊壓，兩層當一層，整個餃子皮的厚薄一致，煮起來就不會有半生不熟的部位。

我雖是南方人，但十分喜歡吃水餃，也常自己包，但總覺得包得沒北方人好看就放棄了。目前常光顧的是一家叫「北京水餃」的，開在尖沙咀，每次去「天香樓」就跑到對面去買，第二天當早餐。

至於餡，我喜吃的是羊肉水餃，茴香水餃也不錯，白菜

豬肉餃就嫌平凡了。去到青島，才知道餡的花樣真多，那邊靠海，用魚蝦，也有包海參的和海腸的，也有加生蠔的，總之鮮字行頭，實在好吃。

相比起來，日本的餃子就單調得多了，他們只會用豬肉和高麗菜當餡，並加大量的蒜頭。日本人對大蒜又愛又恨，每次聞到口氣，他們總尷尬地說：「吃了餃子。」

日本人所謂的餃子，只是我們的窩貼，不太會蒸或煮。做法是包好了，一排七八個，放在平底鍋中，先將一面煎得有點發焦，這時下水，上蓋，把另一面蒸熟。吃時點醋，絕對不會蘸醬油，他們只在拉麵店賣餃子，拉麵店也只供應醋，最多給你一點辣油。我不愛醋，有時吃到沒味道的，真是哭笑不得。

傳到韓國去，叫做 Mandu，一般都是蒸的。目前水餃很流行，像炸醬麵，已變成了他們的國食之一。

一般，水餃的皮是相當厚的，北方人水餃當飯吃，皮是填飽肚子的食物。到了南方，皮就逐漸薄了起來，水餃變成了雲吞，皮要薄得看得到餡。

我一直嫌店裡蔥油餅的蔥太少，看到肥美的京蔥，買三四根回家切碎了，加胡椒和鹽包之，包的時候盡量下多一點蔥，包得胖胖的，最後用做窩貼的方法下豬油煎之，這是蔡家餃子。

餃子的包法千變萬化，我是白痴，朋友怎麼教也教不會，看到影片照著做，當然也不成功，最後只有用最笨拙的方法，手指蘸了水在餃子皮周圍畫一圈，接著便是打褶按緊，樣子奇醜，皮不破就算大功告成了。

也試過買了一個包餃子的機器，義大利人發明的，包出來的餃子大得不得了，怎麼煮也不熟。最後放棄。

日本早有餃子機，不過那是給大量生產時用的，家庭的至今還沒有出現，他們又發明了煎餃器，原理是用三個淺底的鍋子，下面有輸送帶子，一個煎完往前一推，看起來好像很容易，但好不好吃就不知道了。

餃子，還是大夥一塊包、一塊煮、一塊吃最好，像北方人的過時過節，或家中團圓，就覺得溫暖。記憶最深的一次是被一位老兄請到家中，吃他的山東岳父包的餃子，雖然只是普通的豬肉白菜餡，但那是我吃過的餃子中最好的一餐。

我自己包的餃子，是沒有學過無師自通的，當年在日本，同學們都窮，都吃不起肉，大家都「肉呀、肉呀，有肉多好」地呻吟。

有鑒於此，我到百貨公司的低層食物部去，見那些賣豬肉的把不整齊的邊肉切下，正要往垃圾桶中扔的時候，向肉販們要，他們也大方地給了我。

　　拿回家裡，下大量韭菜，和肉一齊剁了，打一兩個雞蛋進去拌勻，有了黏性，就可以當餡來包餃子了，同學們圍了上來，一個個學包，包得不好看的也保留，就那麼煮起來，方法完全憑記憶，肚子一餓，就能想起父母怎麼做，就會包了。

　　那一餐水餃，是我們那一群窮學生中吃得最滿意的。後來，其中一個同學去了美國，當了和尚，一天回到香港來找我。問他要吃什麼齋，我請客。他說要吃我包的水餃。我叫道你瘋了嗎？那是肉呀，他回答說他吃的是感情和回憶，與肉無關。

　　友人郭光碩對餃子的評語最中肯，他說：「奔波勞碌，霧霾襲來，沒有一頓餃子解決不了的事情。實在解決不了，再加一根大蔥蘸大醬，煩惱除淨，幸福之至。」

　　當今也有人把龍袍硬披在餃子身上，用鵝肝醬、松茸和海膽來包。要賣貴嗎？加塊金更方便，最看不起這一招了。

儘管吃好了，很滿足的

休息期間瘦了差不多十公斤，不必花錢減肥，當今拍起照片來，樣子雖然老，不難看，哈哈。

為什麼會瘦？並非為了病，是胃口沒以前那麼好了，很多東西都試過，少了興趣。

年輕時總覺得不吃天下美食不甘心，現在已明白，世界那麼大，怎麼可能？而且那些什麼星的餐廳，吃一頓飯幾個鐘頭，一想起來就覺得煩，哪裡有心情一一試之？

當今最好的當然是 Comfort Food，這個聰明透頂的英文名詞，至今還沒有一個適當的中文名，有人嘗試以「慰藉食物」「舒適食品」「舒暢食物」等稱之，都辭不達意，我自己說是種「滿足餐」，不過是拋磚引玉，如果各位有更好的，請提供。

近期的滿足餐包括了倪匡兄最嚮往的「肥叉飯」，他老兄最初來到香港，一看那便當上的肥肉，大喊：「朕，滿足也。」

很奇怪，簡簡單單的一種 BBQ，天下就沒有地方做得比香港好。叉燒的做法源自廣州，但你去找找看，廣州有幾間做得出？

　　勉強像樣的是在順德吃到的，那裡的大廚到底是基礎打得好，異想天開地用一管鐵筒在那條脢肉中間穿一個洞，再將鹹鴨蛋的蛋黃灌了進去又燒出來，切到塊狀時樣子非常特別，又相當美味，值得一提。

　　又燒，基本上要帶肥，在燒烤的過程中，肥的部分會發焦，在蜜糖和紅色染料之中，帶有黑色的斑紋，那才夠資格叫做又燒，一般的又不肥。

　　廣東人去了南洋之後學習重現，結果只是把那條脢肉上了紅色，一點也不燒焦，完全不是那回事，切片後又紅又白，鋪在雲吞麵上，醜得很。但久未嘗南洋雲吞麵味，又會懷念，是種「美食不美（*Ugly Delicious*）」，也成為韓裔名廚張錫鎬的紀錄片名字。

　　在這紀錄片中，有一集是專門介紹 BBQ 的，他拍了北京烤鴨，但還沒有接觸到廣東叉燒，等有一天來香港嘗了真正的肥叉燒，才驚為天人。

　　這些日子，我常叫外賣來些肥叉燒，有時加一大塊燒全豬，時間要掌握得好，在燒豬的那層皮還沒變軟的時候吃才行。

　　從前的燒全豬，是在地底挖一個大洞，四周牆壁鋪上磚塊，把柴火拋入洞中，讓熱力輻射於豬皮上，才能保持十幾個小時的爽脆。當今用的都是鐵罐形的太空爐，兩三個小時後皮就軟掉了，完全失去燒肉的精神。

除了叉燒和燒肉，那便當還要淋上燒臘店裡特有的醬汁才好吃，與潮州滷水又不同，非常特別，太甜太鹹都是禁忌，一超過後即刻作廢。

有些人講究以形補形，我動完手術後，迷信這個傳說的人都勸我多吃豬肝和豬腰。當今豬肉漲得特別貴，內臟卻無人問津，叫它膽固醇。我向相熟的肉販買了一堆也不要幾個錢。請他們為我把腰子內部片得乾乾淨淨。豬肝又選最新鮮、顏色淺紅的才賣給我，拿回家後用牛奶浸豬肝，再白灼，實在美味。

至於豬腰，記起小時家母常做的方法，沸一鍋鹽水，放大量薑絲，把豬腰整個放進去煮，這麼一來煮過火也不要緊，等豬腰冷卻撈出來切片吃，絕對沒有異味，也可當小吃。

當今菜市場中也有切好的菜脯，有的切絲，有的切粒，浸一浸水避免過鹹，之後就可以拿來和雞蛋煎菜脯蛋了，簡簡單單的一道菜，很能開啟胃口。

天氣開始轉冷，是吃菜心的好時節，市場中有多種菜心出現，有一種叫遲菜心的，又軟又甜，大大一棵，樣子不十分好看，但是菜心中的絕品。

另一種紅菜心的梗呈紫色，加了蒜蓉去炒，菜汁也帶紅，吃了以為加了糖那麼甜，但這種菜心一炒過頭就軟綿綿的，色味盡失，雜炒兩下子出鍋可也。

　　大棵的芥藍也跟著出現，我的做法是用大量的蒜頭把排骨炒一炒，入鍋後加水，再放一湯匙的普寧豆醬，其他調味品一概無用，最後放芥藍進去煮一煮就可上菜，不必煮太久。總之菜要做得拿手全靠經驗，也不知道說了多少次，不是高科技，失敗兩三回一定成功。

　　接著就是麵條了，雖然很多人說吃太多不好，但這陣子我才不管，盡量吃。我的朋友姓管名家，他做的乾麵條一流，煮過火也不爛，普通乾麵煮三四分鐘就非常好吃，當然下豬油更香。最近他又研發了龍鬚麵，細得不能再細，水一沸，下一把，從一數到十就可以起鍋，吃了會上癮。

　　白飯也不能少，當今是吃新米的季節，什麼米都好，一老了就失去香味。米一定要吃新的，越新越好，貴價的，日本米一過期，不如去吃便宜的泰國米。

　　當然，又是淋上豬油，再下點上等醬油，什麼菜都不必，已是滿足餐了。別怕，醫學上已證明豬油比什麼植物油更有益，儘管吃好了，很滿足的。

分享粽子，過一個溫暖的端午節

端午節將臨，又是吃粽子的時候。

每次寫到「粽」字，就想起傻。人吃米飯嘛，有個「米」字邊就成「粽」，回到「人」旁，便是傻瓜一個。四十年前瓊華酒樓的廣告，寫著一大「粽」字，下面中型的字型寫著：邊個話我傻（邊個，即哪個）。左右的小字寫著：可祭三閭之魄，可供五臟之神。這個廣告，也聯想到「傻」字上面，或者因為粽子是糯米做的，囫圇吞之哽死，傻子一個，從了「米」旁。我用字還是喜歡做「粽」，以米飯祭屈原老祖宗，很好。

文人論題，總愛由典故說起，所有的飲食文章都會告訴你粽子的起源和典故。讀之重複又重複，如果你喜歡研究，看其他書去，我要講的，是自己的一個吃粽子的旅程。

作為香港人，天天能吃到粽子，只要你到粥麵店，都有裹蒸粽出售，製法大概是從著名的肇慶蒸粽傳來，但已沒那麼講究，包的餡只有豬肉。正宗肇慶蒸粽的餡料有五香粉豬腩肉、鹹蛋黃、蝦米、栗子、蠔豉、香腸和臘鴨。蒸的時間規定用小耳朵，蒸十分鐘。

　　當今的肇慶粽水平如何，沒機會去試，最靠近那種味道的，反而在澳門找得到，清平直街內的「杏香園」做的粽子材料十足，四粒象棋般大的江瑤柱和三個蛋黃，絕不欺客。

　　一近端午，各形各式的粽子就出現，有的不在味覺上下功夫，只是求大，故有所謂珍寶粽的出現，比普通的大出三五倍來；還有人想打破世界紀錄，做出六百公斤的粽王，怎會好吃呢？蒸它三百六十五天也不透。

　　包粽的材料，最初用竹筒，這種做法還流傳到寮國、緬甸一帶，把糯米塞入竹筒中燒烤出來，沒有餡的居多。你如果想嘗試一下，可在九龍城的泰國雜貨店買到。接著是用竹葉、蘆葦葉，也有用芭蕉葉和蓮葉包的。

　　奇異品種在臺灣嘉義，有種叫山豬耳的，生長在峭壁上，它比竹葉更厚更韌，又有一股幽香，是包粽子的最好材料。

　　廣東中山生長的蘆兜，村中兒童鬥的金絲貓蜘蛛，最愛藏於它的葉片中；用蘆兜來包粽子，據說可持久不壞。說到中山，所製鹼水最佳，把稻草、勒樹和一種叫蘇木的心燒成灰，水浸後就成鹼水，它炮製的鹼水粽不用冰箱，放它一個月來吃也不要緊。

　　當今的鹼水粽，就是放棄竹筒，以竹葉來包的原始形態和味道，用的泰米又叫大黃米，古時候叫黏黍，包出來的東西稱之為「角黍」。湖北省西部秭歸縣為屈原的老家，至今

還用最傳統的方法包粽，但黍米已被糯米代替，製法為：蘆葦葉用沸水燙軟，裹時每次用三張葉，置左手掌中，撐開，下面兩片重疊，上面一片在兩張葉交縫處壓實，左右相折捲成三角圓錐形，放糯米與紅棗一個，壓實捲包成菱形粽子，用蘆葦紮緊，大火燜煮即成。

古時一般老百姓都窮，沒肉吃，也沒糖，甜味出自那粒紅棗，山東名點之一叫黃米紅棗粽，到現在還用黃米。用糯米包粽，始於唐代。

臺灣有種粿粽，則將糯米舀成黏膏，再把瘦肉拆成絲，用糖炒過來包的，味道相當不錯。經濟起飛後，許多著名的臺南擔仔麵店紛紛推出豪華粽子，餡中有鮑魚、江瑤柱、生蠔、海參、魚翅等，以本傷人。

吃一兩個還可以，多了生膩，當然比不上老百姓最愛的燒肉粽，基本上它只包著肥豬肉，但用五香粉醃過，香料味極重，這也是由福建泉州傳來的小吃。至於臺南的吉仔肉粽，餡中百味雜陳，也許是肇慶粽傳過去的吧？

粽子的形狀當今只剩下三角形和長形罷了，從前有菱粽、丸子粽、百索粽和牛角形的角黍，都已淘汰掉了。香港人把附近地區叫做「南方」，珠江三角洲以上的都是北方，大致三角形的叫做「南方粽」，枕頭或長方形的都是北方粽。

代表北方粽的有嘉興粽子，從上海登滬杭甬高速公路，途中休息站中有賣嘉興粽，買一個來試試，開啟粽葉果然香味撲鼻，餡只有肥豬肉一塊，但已蒸得融化進糯米中，好吃自然有它的道理。

嘉興五芳齋已有上百年歷史，在糯米中按次加糖、鹽、紅醬油拌勻。將豬腿肉去皮，橫切成肥瘦兼有的長方條，加調味料反覆搓擦，包成長方形，用水草捆紮六圈，再將草繩頭尾並在一起，轉三轉塞入草圈內。水草繞得緊緊的，但不能扎死，不能打結。大火煮一小時，停火後燜，吃時草繩容易解開才是真功夫。

粽子無論怎麼變化，有三種基本材料：米、葉和繩。最早的記載有五色線繩，除了草繩，現在有人用棉繩，但是到塑膠繩也派上用場時，那顆粽，不吃也罷。

至於湖州的褚小昌老店的豬油豆沙粽，據唐魯孫先生說：吃到嘴裡甜度適中，不太甜也不膩口，尤其是粽子包紮的鬆緊，恰到好處，糯軟不糜，靠近豆沙的不夾生，靠近粽葉不沾滯。這是別家粽子店做不到的，把他老人家引得口水直流。

一般粽子不是甜就是鹹，唯一變化是潮州的，它一半鹹，有肥豬肉和栗子等；一半甜，是豆沙，汕頭媽祖宮的粽子最著名。

粽子一下子就吃飽了，停不下的人過後一定很辛苦，喜
歡的話可以分開進食，把剩下的切片，再煎炸出來吃。或者
再用小葉包之。要找迷你粽，泰國人手工細，他們包得一串
串，每顆只有葡萄般大。粽子加工，叫做「粽再蒸」，是清
代名點之一。

　　香港九龍城的新三陽南貨店，包的粽子最好吃，白米粽
和鹼水粽賣七塊錢，豬肉粽十四塊錢，蛋黃和肉的十七塊
錢，金華火腿的二十九塊錢。

　　最豪華的粽是很大隻，包鮮肉、蛋黃和金華火腿，要賣
到四十五塊錢了。住在香港很好運，天天過節，日日吃粽，
在這裡做傻瓜也幸福。

到任何地方，先逛菜市場，這是我的習慣

從淮海路的花園酒店出來，往東臺路走，見一菜市場，即請司機停下。到任何地方，先逛他們的菜市場，這是我的習慣。

菜市場最能反映該地的民生，他們的收入如何，一目了然。聘請工作人員時，要是對方獅子大開口，便能笑著說：「依這個數目，可以買一萬斤白菜囉。」

但是上菜市場，主要還是愛吃，遇到什麼沒有嘗試過的便買下來，如果餐廳不肯代你燒的話，就用隨身帶的小電煲在酒店內炮製，其樂無窮。

菜市由自忠路和淡水路組成，面積相當大，至少有數百個攤子。

蔬菜檔中，看到盡是茭白筍，此物拿來油燜，非常美味，番茄也特別肥大，其他蔬菜就不敢恭維了。上海菜市的菜，給人一個瘦得可憐的感覺，芹菜瘦，菠菜瘦，莧菜也瘦。還有數條茄子，已經乾癟，還拿出來賣。冬瓜是廣東運來的，一元一斤，冬瓜頭沒肉，便宜一點賣一元。有新採的蒜頭出售，買了一斤，一塊半。

海鮮檔中賣的盡是河產，鯇魚很多，另外便是齊白石常畫的淡水蝦，想起從前在一品香吃的嗆蝦，口水直流，但現在所有河流汙染，已沒人敢試了。大小的貝殼類，蜆子居多，蚶子不見，還有一種像瓜子那麼大小的貝殼，在臺灣時聽人叫海瓜子，但大得不像瓜子，上海賣的名叫瓜子片，名副其實。據說當年上海流行肝炎，全拜此君所賜。

在香港看不到的是比蝦粗大，又有硬殼的蝦類，上海人叫它為龍蝦，但只有手指那麼小。想起豐子愷在一篇叫《吃酒》的小品中提過一個釣蝦人的故事：「蝦這種東西比魚好得多。魚，你釣了來，要剖，要洗，要用油鹽醬醋來燒，多少麻煩。這蝦就方便得多：只要到開水裡一煮，就好吃了……」

劏（宰殺，讀 tāng）鱔的檔子也很多，滬人喜吃鱔，小販們用純巧的手法把肉起了，剩下堆積如山的骨頭，大概後來扔掉吧。其實把鱔骨烘乾，再油炸一下，香脆無比，是送酒的好菜。

賣雞的當場替家庭主婦燙好拔毛，鴨攤就少見，其他種類的家禽也不多。

豬肉攤少，牛羊攤更少，所有肉類不呈鮮紅顏色，死沉沉地蒙上一層灰，都不新鮮，怪不得只能做紅燒或者回鍋肉等菜色才好吃。

　　菜市中夾著些熟食檔，上海人的早餐莫過於燒餅、油條、油餅、生煎包子和烙餅等。燒餅油條是以一層很厚的餅包著油條，此餅可以放個雞蛋，包起來時是腫大的一團，油膩膩的，試了一客，一塊錢，腹已大脹。當然沒有想像中那麼好吃。上海朋友對燒餅油條的神話，不過於在肚子餓時的第一個印象，也是他們的鄉愁。

　　油餅味較佳，用一個煎窩貼的平底鍋以油炸之，一層很厚的餅上鋪滿芝麻，長三角形地切開一塊一塊，包君吃飽。

　　生煎包也很精彩，至少比在香港餐廳吃的好得多。烙餅貼在一個大泥爐上烤，這個大泥爐就是印度人的丹多裡，烙餅這種吃的文化是由那邊傳來的吧。

　　花檔全街市只有兩家，種類也不多。上海的生活品質還沒有到達擺花送花的地步。

　　反而是在賣菜的老太婆那裡找到了白蘭花，兩塊錢買了四串白蘭，每串有三蕊，用鐵線穿住，變成個圓扣。研究了一下，才知是用來掛在襯衫的鈕扣上的。花味由下面燻上來，香個整天，這種生活的智慧，香港倒學不會。

　　扣著白蘭花朵到其他攤子看，小販們見到我這個樣子，態度也親切起來。以為這是一個自由市場，什麼人都能來賣東西，其實不然，看到一間有蓋的小屋，裡面掛著所有攤位的地圖，政府人員在管理著。當然是要收租的，門口還有人

龍在排隊，大概要申請到一個單位，是不容易。但是有些老太太賣的只是幾塊薑，還有幾位單單賣鞋帶罷了。難道她們也得交租嗎？交完了又怎麼生活？其中還有些一看就知道是外地來的農民，開啟布袋就地賣乾筍尖、海草等雜物，他們是來打尖的？不可能吧，管理人員四處巡查，逃不過他們銳利的目光，是不是有其他協定？

有一個管理員凶巴巴地罵一位賣魚的小姑娘，她的臉越漲越紅，不知誰是誰非，也不能插手理論，只看到他罵完之後走開兩步，轉身回去再罵，有些人就是有這種劣根性，一旦有了微小得可憐的權力，一定要使盡它。

「喂，好了沒有？有完沒完？」我忍不住大喝。

那廝狠狠地望了我一眼，才肯走開。剛剛這邊罵完，遠處又有人吵架。

「儂是啥人？」有一個向對方大叫。

對方也說：「儂是啥人？」

兩個「儂是啥人？」地老半天，重複又重複，間中最多摻了：「儂算是華人？」的字眼罷了，最後演變成：「你打我啦！」「打」字，上海人發音成「擋」，擋來擋去，沒有一個動手，要是這種情形發生在廣東，那粗口滿天飛，還來個什麼「儂是啥人」？

到底，上海人還是可愛的。

102

這樣吃蝦，天下美味也

　　兒時的記憶，蝦是一種很高貴的食材，近乎鮑參翅肚，一年之中，能嘗到幾次，已算幸福。蝦的口感是爽脆的，彈牙的，肉清甜無比，味也不腥，獨有的香氣，是別的生物所無。吃蝦是人生最大享受之一，直到養殖蝦的出現。

　　忽然之間，蝦變得沒有了味道，只留形狀。冰凍的蝦，價錢甚為便宜；即使是活的，也不貴，你我都能輕易買到。曾見一群少年，在旺角街市購入活蝦，放進碟子，拿到 7 — ELEVEN 便利店的微波爐叮一叮，剝殼即食，也不過是十幾塊港幣。向他們要了一尾試試，全無蝦味，如嚼發泡膠。

　　四十多年前在臺北華西街的「臺南擔仔麵」高貴海鮮店中，看到鄰桌叫的大尾草蝦，煮熟後顏色紅得鮮豔，即要一客試試，一點味道也沒有，完全是大量養殖生產之禍。

　　二十世紀六十年代中，遊客來到香港，吃海鮮時先上一碟白灼蝦，點蔥絲和辣椒絲、醬油，大叫天下美味。當今所有餐桌上都不見此道菜，無他，不好吃嘛。

　　香港漁商發現養殖蝦的不足，弄個半養半野生，圍起欄來飼大的，叫做「基圍蝦」。初試還有點甜味，後來也因

只是用麥麩或粟米等飼料，愈弄愈淡，「基圍蝦」從此也消失了。

到餐廳去，叫一碟芙蓉炒蛋，看見裡面的蝦，不但是冷凍的，而且還用蘇打粉發過，身體帶透明狀，剩下一口藥味，更是恐怖。從前香港海域的龍蝦，顏色碧綠，巨大無比，非常香甜。只要不烹調得過老，怎麼炮製都行。當今看到的多由大洋洲或非洲進口，一吃就知道肉粗糙，味全失。削來當刺身還吃得過，經過一炒，就完蛋了。有兩隻大鉗子的波士頓龍蝦，肉質雖劣，但不是飼養，拿來煲豆腐和大芥菜湯，還是一流的。

當今我吃蝦，務必求野生的，曾經滄海難為水，養殖的，寧願吃白飯下鹹蘿蔔，也不去碰。在日本能吃到最多野生蝦，壽司店裡，叫一聲「踊（Odori）」，跳舞的意思，大師傅就從水缸中掏出一匹大的「車蝦（Kuruma Ebi）」，剝了殼讓你生吃，肉還會動，故稱之。

北海道有更多的品種，最普通的是「甘蝦（Ama ebi）」，日本人不會用「甜」字，只以「甘」代之，顧名思義，的確很甜，很甜。大的甜蝦，叫「牡丹蝦（Botan Ebi）」，啖啖是肉。比牡丹蝦更美味的，叫「紫蝦（Murasaki Ebi）」，可遇不可求，皆為生吃較佳。他們稱蝦為「海老」，又名「衣比」。蝦身長，腰曲，像長壽的老人，故名之。「海老」也有慶祝的意思，

所有慶典或新年的料理中，一定有一隻龍蝦，龍蝦是生長在伊勢灣的品種最好，龍蝦在日本叫成「伊勢海老（Ese Ebi）」。

「蝦蛄」潮州語是琵琶蝦的意思，但在日文中作「賴尿蝦」。「賴尿蝦」是因為一被捕捉，颷出一道尿來而得名的，甚為不雅，它的味甘美，有膏時背上全是卵，非常好吃。有雙螯，像螳螂，其實應該根據英文 Mantis Shrimp，叫做「螳螂蝦」更適合。大隻的「賴尿蝦」，從前由泰國輸入，已捕捉得快要絕種，當今一般所謂避風塘料理用的大賴尿蝦，多數由馬來西亞運到，半養殖，可是肉還是鮮甜的。

舊時的壽司店中，還出現一盒盒的「蝦蛄爪（Shyako No Tsume）」，用人工把蝦爪的殼剝開，取出那麼一丁點兒的肉，排於木盒中，用匙舀了，包在紫菜中吃，才不會散，吃巧多過吃飽，當今人工漸貴，此物已瀕臨絕種。

潮州人的蝦蛄，日人稱之為「團扇海老（Uchiwa Ebi）」，粵人叫「琵琶蝦」，蝦頭充滿膏時，單吃膏，肉棄之。

細小如浮游動物的，是「櫻蝦（Sakura Ebi）」，因體內色素豐富，一煮熟變為赤紅，樣子像飄落在地面的櫻花，這種蝦在臺灣的東港也能大量捕撈。

比櫻蝦更小的是日人叫做「醬蝦（Ami）」的蝦毛，樣子像蝦卵，吃起來沒有飛魚子（一般誤解為蟹子）那麼爽脆，但也鮮甜，多數是用鹽製為下酒菜。

上述的都是海水蝦，淡水的有我們最熟悉的河蝦，齊白石先生常畫的那種，有兩隻很長的螯。河流沒被汙染之前可以生吃，上海人叫「嗆蝦」，裝入大碗中，用碟當蓋，下玫瑰露，上下搖動數次，把蓋開啟，點南乳醬，就那麼活生生地抓來吃，天下美味也。

另有法國人喜歡吃的淡水小龍蝦（Scampi）和更小、殼更硬的澳洲小龍蝦（Yabby），都沒中國河蝦的美味。上海的油爆蝦用的是河蝦，不朽的名菜。

螯蝦，英文叫 Crayfish，他們認為有蝦鉗的，才能叫做 Lobster。

至於普通的蝦，有 Prawn 和 Shrimp 兩個名字，前者是英國人用的，後者是美國人用的。

那麼多蝦中，問我最好吃的是哪一種，我毫不猶豫地回答，是地中海的野生蝦。品種不同，一出水面即死，冰凍了運到各地，頭已發黑，樣子難看，但一吃進口，哎呀呀，才知其香甜。一碟義大利粉，有幾隻這種蝦來拌，真能吃出地中海海水味，絕品也。

說說蝦米、蝦醬、蝦膏

也許是因為華人窮慣了，或者是他們有點小聰明，吃不完的東西就用來鹽漬與乾晒，儲存下來，隨著經驗起變化，成為佳餚。

蝦米是代表性的乾貨之一。它並不像江瑤柱那麼高貴，是種很親民的食材。外國人不懂得欣賞，西餐中很少看到蝦米入饌的。上等的蝦米，味道甜得厲害；劣貨是一味死鹹。當今要買到好的蝦米也不容易，有些還是染色的呢，一般吃得過的，價錢已比鮮蝦還要貴了。

我家廚房，一定放有一玻璃罐的蝦米，這種東西貯久了也不壞。雖然如此，乾蝦米買回來後，經過一兩個月後，還是裝入冰箱，感覺好像安全得多。前幾天到九龍城街市，賣海鮮的太太送了我一包，是活蝦乾晒的，已不叫蝦米，稱為蝦乾，最為高級。第一顏色鮮豔，第二軟硬適中，第三很甜，水浸後不遜鮮蝦。

蝦米的用途最廣，洗一洗，就那麼吃也行；買到次貨，則在油鍋中爆一爆，加點糖，拿來當下酒小吃，比薯仔片高級得多。吃公仔麵時，我喜歡把那包調味料扔掉；先用清水

來滾蝦米，它本身帶鹹，不必放鹽或醬油，已是一個很美味的湯底，若再嫌不夠味，加幾滴魚露即可。

和蔬菜的配合極佳，蝦米炒白菜，就是滬菜中著名的開洋白菜，把蝦米叫成開洋，虧上海人想得出。他們的豆腐上也慣用蝦米和皮蛋，及肉鬆來拌；早餐的粢飯也少不了蝦米。開洋蔥油煨麵不可抗拒地好吃，傳統製法為：將蔥去根，用刀背拍鬆，切小段備用。開洋浸水，使之發軟。燒紅鍋，加豬油，放蔥段和開洋爆香，滴紹酒，加上湯，然後把麵條放進去，待沸，轉小火煨三四分鐘，大功告成。

南洋一帶，海蝦捕獲一多，都製蝦米，尤其是馬來西亞東海岸的小島，所曬蝦米最為鮮甜。到新加坡和吉隆坡旅行，別忘記買一些帶回來。不必到海味專門鋪子，普通雜貨店亦出售，選價錢最貴者，也是便宜。

把蝦米舂碎後加辣椒來爆香，就是著名的峇拉煎了。香港人當它來自馬來西亞，聽了發音後冠上一個「馬來盞」的名字。用馬來盞來炒通菜是一道最家常的小菜。當地人取了一個菜名，叫「馬來風光」。

我最拿手的一道冷菜，主要原料也是蝦米。製法為：先將蝦米浸軟，擠乾水分備用。再炸豬腩肥肉為豬油渣，把剛炸好的小方塊和指天椒放入石臼同時舂碎，加糖。上桌時鋪上青瓜絲、乾蔥片和大蒜蓉，最後擠青檸汁進去。味道又香

又辣又甜又酸，錯綜複雜，喚醒所有食慾神經。

單單是這樣小吃，已能連吞三大碗飯。

把小得不能再小的蝦毛醃製，就是一種叫 Chincharo 的東西，新加坡和馬來西亞的華人謔之為「青採落」，潮語的「隨便放」的意思。它是死鹹的一種醬料，通常裝進一個像裝番茄醬的玻璃瓶中出售，吃時倒進碟裡，加大量的紅蔥頭片去鹹，再放點糖。發現菲律賓人也有同樣的吃法。如果在南洋的雜貨店中看到這種粉紅色的蝦醬，也不妨買來送給家裡的家務助理，她們會很高興。

蝦頭膏是馬來西亞檳城的特產，顏色漆黑，很嚇人。做馬來沙拉「囉」時不可缺少，有濃厚的滋味，檳城「叻沙」沒有蝦頭膏也不行。我發現炒麵時，將蝦頭膏勾稀，放進麵中，獨特的香味令麵條更好吃。到檳城旅行可買一罐回來試試。天氣一熱，買幾條青瓜，切成薄片後，從冰箱中取出蝦頭膏，塗在上面就那麼吃，非常開胃；不然，在香港買到沙葛，用同樣方式吃飯送酒也行。

至於蝦醬，香港人甚為熟悉，它是將小蝦醃製發酵，呈紫色的膏醬。那種強烈的味覺，不是人人受得了的，喜愛起來卻是百食不厭。最鮮美的白灼螺片，也要用它來蘸。響螺片太貴，並非大家吃得起，當今只有在蒸炒帶子時，派得上用場。

第一部分
今天也要好好吃飯

　　據稱香港馬灣的蝦醬做得最好，我去參觀過其製造過程，其實與所有海邊漁民的做法都差不多，也許是馬灣的質量控制得好的緣故吧。去流浮山的「海灣餐廳」，菜沒上桌，先來一碟用豬油爆香的蝦醬，已是天上美味，不必吃其他東西也可以了。用它和活蝦來炒飯，更是一流。

　　南洋的蝦醬，一般比香港的濃厚和堅硬。用紙包成長方形，吃時拆開紙包，一片片切下。就那麼在火上烤一烤，更香。擠上南洋小青檸，如果找不到可用白醋代之，加點糖，已能下飯。

　　前幾天和一個外國朋友進餐，談起蝦膏和蝦醬，他沒有試過，說道：「你用最簡單的說法形容一下吧！」「味道很臭。」我想也沒想，就那麼衝口說出。「那麼臭，吃前要不要洗一洗？」他又問。

　　我只有告訴他一個最愛重播的故事：「我們從前在西班牙拍戲，有個攝影師愛上了一個西班牙女郎，本來是件開心的事，但他愁眉苦臉地向我討教，說他那個女友身上很臭，問我怎麼辦？我告訴了他一番話，結果他高高興興地走了。」

　　「你向他說了些什麼？」洋朋友問。我懶洋洋地說：「我說如果你喜歡吃的是羊奶芝士，會不會去洗一洗呢？」

十八道《食經》失傳菜式

電視上的飲食節目，都是一輯輯拍的。一輯有十三集，分十三個星期播，前後三個月，又稱一季。這次我做的那個已多出兩集，共十五集。

拍攝完畢，本來以為可以休息一陣子，但接電視臺來電，稱收視高，要添食，多來五集。臨時的增加，令我亂了陣腳。

要再拍些什麼呢？本來可以把《隨園食單》或《金瓶梅》菜譜再現的，友人又建議來《紅樓夢》宴，但我覺得前二者是廣東人說的外江佬菜，在香港未必做得好；《紅樓夢》宴又給做得太濫了，不值得再去花功夫。

想了又想，最後決定其中一集，重現陳夢因先生《食經》中的一些小菜。和「鏞記」的老闆甘健成兄商量，他也認為大家做的都是粵菜，比較有把握。

回家後把《食經》重翻一遍，選出幾道，雖然不是山珍海味，全是普通食材，做法有些也簡單，只是教了我們竅門，乘「鏞記」的師傅肯做，留紀錄給後輩的有心人。

一、乾焙大豆芽。將大豆芽截尾，在鍋內焙至極乾，切生薑、蔥白，和麵豉在油鍋爆過，下大豆芽同炒即成，雖是廉宜的菜，吃來甘香可口。

　　二、肉心蛋。蛋尖扎小孔，取出蛋白。用筷子伸入蛋，攪爛蛋黃，亦取出。瘦肉三分之二，剁成靡；肥肉三分之一，切為小粒。加薑汁、鹽、酒拌勻，緩緩倒進蛋殼中，至半，再倒蛋白，才用白紙將孔封固，蒸至熟。吃時開殼，點麻油、生抽。

　　三、釀蝦蛋。雞蛋煲熟，破之為二，取出蛋黃，加鯇魚、鮮蝦、冬菇、蔥白剁成茸，攪之至夠勻，釀進蛋黃空位，炸至金黃。

　　四、蒸豬肝。用薑汁、生油、生抽、酒將豬肝醃過，加金針菜和雲耳蒸熟即成，但豬肝不經醃製的話，則不滑。

　　五、鍋底燒肉。有皮豬腩肉一斤切成方形，抹以醬油和蜜糖備用。鐵鍋中盛白米二斤，猛火煮沸。用鍋鏟將飯撥開，放入腩肉，皮向下，以湯碗封住，再把白米鋪上，隨即上鍋蓋。慢火焗至白飯熟透，而豬肉同時燒熟。味甘香鮮美，一如燒肉。

　　六、釀荷蘭豆。把鮮蝦、半肥瘦豬肉、冬菇和蝦米剁碎，打至膠狀，釀入荷蘭豆莢，煎熟即成。

七、豬雜燴海參。海參浸透備用。豬粉腸、豬心等切件先燴，海參後下。上碟前，用幼竹串好切成薄片的豬肝，油泡僅熟，再與其他配料同炒，即成。要是豬肝不另外處理，則會太硬。

八、煮蝦腦。說是蝦腦，不過是蝦汁。剪下蝦頭，用刀背拍至扁碎，以布包之。用力將蝦汁絞出，加冬筍和火腿片生炒。鹽、酒、胡椒少許，煮滾即成，吃時雖不見蝦腦，卻有鮮濃的蝦味。

九、合浦還珠。活蝦去殼，刀開薄片，包核桃仁一粒、肥豬肉一粒，捲成珠狀，蘸蛋白和生粉，炸至金黃。

十、蟹肉焗金瓜。蒸熟肉蟹去殼取肉。金瓜去皮，切成方塊。加雞蛋調味，放入焗爐裡焗熟即成。

十一、蕃薯扣大鱔。蕃薯去皮切成骨牌形，蘸上炸漿，炸透備用。鱔肉用網油包住，另把大量的蒜頭炸香。起紅鍋，稍爆豆豉，然後放入鱔肉，加水扣之。上碟時先以蕃薯墊底，吃鱔後，再吃吸收了鱔汁的蕃薯。

十二、酥鯽魚。這道菜主要是教人怎麼「酥」。先用橄欖多枚，去核舂爛，用橄欖的渣滓同汁把鯽魚醃過。然後將已滾的油鍋移離灶口，放鯽魚進去，等滾油把魚泡熟，以碟盛之。待鯽魚完全沒有熱氣後，又用油鍋慢火將鯽魚炸透，

它的硬骨就會變酥。酥的祕密在用欖汁醃過，炸兩次的作用是避免將魚炸至焦黑。

十三、黃酒鯉魚燉糯米飯。用一斤重的公鯉、糯米一斤、黃酒一斤。鯉魚剖淨，不去鱗。洗糯米，以燉器盛之，加入鯉魚和黃酒，隔水燉至飯熟即成，吃時淋上醬油和豬油。

十四、梅菜釀鯉魚。鯉魚剖淨，辣椒切絲，梅菜心切粒，用油鍋炒過，加少許糖和鹽，然後將梅菜釀入魚肚裡。起紅鍋，爆椒絲，再下豆瓣醬，稍兜過，加水燒至滾，最後放入已釀好梅菜的鯉魚，紅火炆兩小時。

十五、什錦釀蛋黃。蛋一定要用鴨蛋，鴨蛋黃的皮厚，可釀；雞蛋蛋黃皮薄，不能用。用尖器在鴨蛋黃上開一個胡椒粒般大的小孔，將剁碎的半肥瘦豬肉、馬蹄、蝦仁、香芹和冬筍炒熟後釀入。鴨蛋黃皮有伸縮性，可釀到蘋果一樣大，這時再放蛋白，煎至熟為止。

十六、通心丸。一顆肉丸子，裡面是空的，以為一定很難做，講破了就沒什麼。原來是把豬油放入冰箱凍硬，包以豬梅肉、蝦米、蔥白剁成的肉糜。放進湯中煮熟，豬油融在丸中，就是通心丸了。

十七、薑花肉丸湯。上面那道通心丸子，滾了湯，加入薑花，即成。很多人不知道薑花煮起來又香又好吃的。

　　十八、炒直蝦仁、彎豆角。蝦仁炒起來是彎的，豆角是直的，怎麼相反？原來是把那條豆角無筋的那一邊，用薄刀每隔一分割上一刀。每一條割七八十刀，炒起來就曲了。蝦仁用牙籤串起來，炒後還是直的，再把牙籤拔掉就是，這道菜好玩多過好吃。

　　早一輩師傅留下的食譜，千變萬化，是一個寶藏，有待我們去發掘，老的菜還沒有學會，搞什麼新派菜呢？

骨髓：吸骨中的髓，美味非凡

小時候吃海南雞飯，一碟之中，最好吃的部分並非雞腿，而是斬斷了骨頭中的骨髓，顏色鮮紅，吸啜之下，一小股美味的脂肪入口，仙人食物也。當今叫海南雞飯，皆是去骨的。無他，骨髓已變得漆黑，別說膽固醇了，顏色就讓人反胃。現殺的雞，和冷藏的最大的不同就是骨髓變黑，一看就分辨出來。

骨髓的營養，包括了肥油、鐵質、磷和維生素 A，還有微量的維生素 B_1（Thiamin）和維生素 B_3（Niacin），都是對人體有益的。在早年，一劑最古老的英國藥方，是用骨髓加了番紅花打勻，直到像牛油那樣澄黃，給營養不良的小孩吃。

在當今營養過剩的年代，一聽到骨髓，就大叫膽固醇！怕怕，沒人敢去碰。好在有這些人，肉販都把骨頭和骨髓免費贈送，讓老饕得益。

凡是熬湯，少了骨頭就不那麼甜，味精除了用海藻製造，就是由骨頭提煉出來的。

有次去匈牙利，喝到最鮮美的湯，用大量的牛腿骨和肉煮出。肉剁成丸，加了椰菜。以兩個碟子上桌，一碟肉丸和

蔬菜，一碟全是骨頭。有七八根左右吧，抓起一根就那麼吸，滿嘴的骨髓。一連多根骨，吃個過癮，怕什麼膽固醇？有些在骨頭深處的吸不出，餐廳供應了一支特製的銀匙，可以仔細挖出。這種匙子分長短兩支，配合骨頭的長度，做得非常精美，可在古董店買到。當今已變成了收藏品，有拍賣價值。

英國名店 ST. John 的招牌菜，也就是烤骨髓（Roasted Bone Marrow）。

做法是這樣的：先把牛大腿骨斬斷，用水泡個十二至二十四小時，加鹽，每回換水四至六次，令血液完全清除。烤爐調到四百五十度或二百三十度，把骨頭水分烤乾，打直排在碟中，再烤個十五至二十五分鐘，即成。

起初炮製，也許會弄到骨髓完全跑掉，全碟是油，但做幾次就上手。再怕做不好，入烤箱之前用麵包糠把骨管塞住，骨髓便不會流出來。

如果沒有烤箱，另一種做法是用滾水炮製，煮個十五分鐘即成，但較容易失敗。

骨髓太膩，要用西洋芫荽中和。芫荽沙拉是用扁葉芫荽，加芹菜、西洋小紅蔥，淋橄欖油、海鹽和胡椒拌成，做法甚簡單。把骨髓挖出來，和沙拉一齊吃，或者塗在烤麵包上面，但建議就那麼吞進肚中，除了鹽，什麼都不加。

在法國普羅旺斯吃牛排，也不像美國人那麼沒有文化，他們的牛排薄薄一片，淋上各種醬汁。牛排旁邊有烤熱的骨髓，吃一口肉，一口骨髓，才沒那麼單調。

　　義大利的名菜叫 Osso Buco，前者是骨，後者是洞的意思。一定帶有骨髓，最經典的是用茴香葉和血橙醬來炮製，叫 Fennel&Blood Orange Sauce。製法是先把小牛的大腿斬下最肥大的那塊來，用繩子綁住，加茴香葉和橙皮，放進烤箱烤四十五分鐘，如果怕骨髓流走，可以在骨頭下部塞一點剁碎的茴香葉。

　　羊的骨髓，味道更為纖細，帶著羊肉獨特的香氣。最好是取羊頸。羊頸斬成八塊，加洋蔥、椰菜或其他香草，撒上海鹽，烤也行，焗也行，羊頸肉最柔軟，吸骨髓更是一絕。一樣用羊頸，加上鹽漬的小江魚（Ahchovies）來炮製，更是惹味，和華人的概念：「羊」加「魚」得一個「鮮」，是異曲同工的。

　　印度人做的羊骨髓，是把整條羊腿熬了湯，用刀把肉刮下，剩下的骨頭和骨邊的肉拿去炒咖哩。咖哩是紅色的，吸啜骨髓時吮得嘴邊通紅，像個吸血鬼。這種煮法在印度已難找，新加坡賣羊肉湯的小販會做給你吃。

　　豬骨髓也好吃，但沒有豬腦那麼美味。點心之中，有牛骨髓或豬骨髓的做法，用豆豉蒸熟來吃，但總不及豬骨湯的。把骨頭熬成濃湯，最後用吸管吸出脊椎骨中的髓。

魚頭中的魚雲和那啫喱狀的部分，都應該屬於骨髓的一部分，洋人不懂其味，整個魚頭扔之。魚死了不會搖頭，但我們看到搖個不已。大魚，如金槍，骨髓就很多，日本人不欣賞，臺灣南部的東港地方，餐廳裡有一道魚骨髓湯，是用當歸燉出來，嚼脊椎旁的軟骨，吸骨中的髓，美味非凡。

家中請客時，飯前的下酒菜，若用橄欖、薯仔片或花生，就非常單調，沒有什麼想像力。有什麼比烤骨髓送酒更好的？做法很簡單，到你相熟的凍肉店，把所有的牛腿骨都買下，只用關節處的頭尾，一根骨鋸兩端，像兩個杯子，關節處的骨頭變成了杯底。這一來，骨髓一定不會流走，把骨杯整齊地排列在大碟中，撒上海鹽，放進微波爐叮一叮。最多三至五分鐘，一定焗得熟透。拿出來用古董銀匙奉客，大家都會讚美你是一個一流的主人。

吃魚：和倪匡兄吃的魚最好吃

倪匡兄嫂，在三月底返港，至今也有一個多月了。我自己事忙，只和他們吃過幾次飯。以為這次定居，再也沒有老友和他夜夜笙歌，哪知宴會還是來個不停。

「吃些什麼？」我問，「魚？」「是呀，不是東星斑，就是老虎斑。」老虎斑和東星斑一樣，肉硬得要命，怎麼吃？還要賣得那麼貴，豈有此理！

真是替那些付錢的人不值，只有客氣地說好好好，後來他們看我不舉筷，拚命問原因。倪匡兄問：「你們知道東星斑和老虎斑，哪一個部位最好吃？」「到底是什麼部位？」我也想搞清楚。倪匡兄大笑四聲：「鋪在魚上面的薑蔥和碟底的湯汁呀，哈哈哈哈。」

曾經滄海難為水，這和我們當年在伊利沙伯大廈下面的北園吃海鮮，當今響噹噹的鐘錦還是廚師的時候，吃的都是最高級的魚，什麼蘇眉、青衣之類，當成雜魚，碰都不會去碰。

「還是黃鰭鯛好，上次你帶我去流浮山，剛好有十尾，蒸了六尾，四尾滾湯，我後悔到現在。」他說。「後悔些什麼？」「後悔為什麼不把十條都蒸了。」

趁這個星期天，一早和倪匡兄嫂又摸到流浮山去，同行的還有陳律師，一共四人。他運氣好，還有五尾黃鰭鯛，比手掌還要大一點，是最恰當的大小。再到老友十一哥培仔的魚檔，買了兩尾三刀，贈送一條。看到紅釘，也要了兩條大的。幾斤奄仔蟹，一大堆比石狗公還高級百倍的石崇煲湯。最後在另一檔看到烏魚，這在淡鹹水交界生的小魚，只能在澳門找到，也要了八尾，一人兩條，夠吃了吧？這次依足倪匡兄意思，全部清蒸。

「先上什麼魚？」海灣酒家老闆娘肥妹姐問。「當然是黃鰭鯛了。」倪匡兄吩咐。「有些人是把最好的留在最後吃的。」肥妹姐說。倪匡兄大笑，毫不忌諱地說：「最好的應該最先吃，誰知道會不會吃到一半死掉呢？」

五尾黃鰭鯛魚，未拿到桌子上已聞到魚香，蒸得完美，黏著骨頭，一人分了一尾，剩餘的那條又給了倪匡兄。肚腩與鰭之間還有膏狀的半肥部分，吃得乾乾淨淨。「介乎有與無之間，又有那股清香，吃魚吃到這麼好的境界，人生幾回？」倪匡兄不客氣地把我試了一點點的那尾也拿去吃光了。

三刀上桌，肉質並不比黃鰭鯛差，香味略輸一籌，比了下去，但在普通海鮮店，已是吃不到的高級魚。

紅釘，又叫紅斑，我一聽到斑，有點抗拒，試了一口，發現完全沒有普通斑的肉那麼硬。「其實好的斑魚，都不應該硬的。」倪匡兄說。

奄仔蟹上桌，全身是膏，倪匡兄怕咬不動，留給別人吃。「人的身體之中，最硬的部分就是牙齒，也軟了。人一老真是要不得。」雖然那麼說，見陳律師和倪太吃得津津有味，他也試了一塊，大叫走寶，把剩下的都掃光。

烏魚本來清蒸的，但肥妹姐為了令湯更濃，也就拿去和石崇一起滾後，撈起，淋上燙熱的豬油和醬油。烏魚的肉質，比我們吃的那幾種都要細膩。

黃鰭鯛五尾，三刀三尾，紅釘三尾，烏魚八尾，一共十九條魚，還不算那一堆石崇呢。

魚湯來了。幾個尾魚、豆腐和芥菜滾了，四人一人一碗，肥妹姐說得對：「要那麼多湯幹什麼？夠濃就是！」

我偷偷地向她說：「你再替我弄兩斤九蝦來。」來到流浮山不吃九蝦怎行？這種蝦有九節，煮熟後又紅又黃，是被人認為低賤的品種，所以沒人養殖，全部野生，肉質又結實，甜得不得了。

「我怎樣也吃不下去了。」倪匡兄宣布。這也奇怪，他吃海鮮，從來沒聽過他說這句話。我們埋頭剝白灼九蝦，不去理會，他終於忍不住，要了一尾，試過之後即刻抓一把放在面前，吃個不停。

一大碟九蝦吃剩一半，我向肥妹姐說：「替我們炒飯。」「又要我親自動手？」她假裝委屈。我說：「只有你炒的才好

吃嘛。」肥妹姐甜在心裡，把蝦捧了進去。不一會兒，炒飯上桌，黃色的是雞蛋，粉紅的是蝦，紫色的是蝦膏。

　　倪匡兄又吃三大碗。「還想不想在流浮山買間屋子住住？」肥妹姐問。我知道他已不能抗拒這種誘惑，但在銅鑼灣的房子剛剛租了下來，就向倪匡兄說：「你弟弟倪靖不是喜歡大自然嗎？請他和你合買一間，一星期來住個兩三天，再回鬧市去吧。」倪匡兄點頭：「可以考慮，有這麼好的魚吃，在月球上買一間也值得。」

蟹滿漢

通常,用一種食材,做出種種不同的菜,都叫什麼什麼宴,但以螃蟹入饌,蟹宴的稱呼似乎不夠,應該用三天三夜也吃不完的滿漢全席來形容,叫做「蟹滿漢」。

從冷盤算起,北海道的大師傅把一隻大蟹鉗的殼剝了,用快刀左橫切數十刀,右橫切數十刀,放入冰水,蟹肉就像花一樣展開,最後功夫,燃了噴火槍在表面上略微燒一燒,就可上桌。肉半生熟,點山葵和醬油吃,是天下美味。

潮州人的凍蟹,原只清蒸後攤凍,沒有其他調味,鮮甜味覺也表露無遺。

醉蟹是上海的傳統名菜,把活生生的大閘蟹浸在花雕酒裡,味滲入蟹膏,那種甘香醇美是煮熟的蟹中找不到的。當今的新派上海菜,加了話梅、紅棗和花椒,浸個五天,什麼蟹味酒味香味都沒了。

還是我母親的醉蟹做得好,她早上到市場買了兩隻最肥美的膏蟹,回家洗淨劏開,去了內臟,斬成六件,蟹鉗用刀背拍碎,然後倒入三分之一瓶的醬油,兌了一半鹽水,加一小杯白蘭地,和大蒜瓣辣椒一齊生浸到晚上,就能吃了。上

桌前把糖花生拍磨成末撒上，再淋白米醋，甜酸辣香，是最
完美的醉蟹。

法國人的海鮮盤中，冰上放的泥蟹是煮熟的，但味道不
像批評的那樣失掉，還是很鮮甜。有時也會碰上全身是膏，
連蟹腳也黃的西洋奶油蟹呢。

更多的冷蟹吃法，已不能一一細數，我們要進入蒸的階
段了。大閘蟹是所有螃蟹之中擁有最強烈的滋味的，清蒸奶
油蟹賣得很貴，但便宜的澳門特產的奄仔蟹也很不錯。各有
各的愛好，不能說誰比誰更佳。

新派菜中的蟹黃蒸蛋白，雪白的蛋白上，鋪了蟹膏，一
橙一白鮮明亮麗，叫人賞心悅目。但是兩者完全不能結合，
蛋白是蛋白，蟹膏是蟹膏，就算摻著來吃也是貌合神離。建
議年輕師傅把蟹肉拆了混進蛋白中，反正兩者都是白色，不
影響色調，就能配合得天衣無縫。冬瓜蒸蟹鉗是懶惰人的吃
法，雖說啖啖肉，但吃螃蟹全不費功夫，味道也跟著減少，
不如乾脆去吃蟹粉小籠包吧！

蒸螃蟹還有另一境界，那就是臺南人做的紅蟳蒸飯。
蟳，閩語蟹的叫法。這道菜也許是福建傳來的，蒸籠底鋪上
荷葉，糯米和蒜蓉上面放一隻膏蟹，蒸得蟹汁全流入乾爽不
黏口的糯米飯中，加上荷香，百食不厭。

泰國的螃蟹粉絲煲有異曲同工的效果。吃起來，粉絲比

蟹肉更美味。煲完，輪到炆了。很奇怪，苦瓜和螃蟹配合得極佳。一般的粵菜館喜歡加很厚的芡，看了就討厭。而且他們有時竟將苦瓜煮過再去和炸煮的螃蟹炆，苦瓜軟得溶化看不見，蟹炸得無味，更是大忌。燒這道菜的功夫在於苦瓜和螃蟹一起炒，再拿去炆。苦瓜選厚身的，才不那麼容易炆爛。

炆完，輪到焗。蟹斬件，加雞蛋、肥豬肉、芫荽、蔥和陳皮一塊放入缽內，蒸個八成熟，再用烈火將外層燒到略焦，是東莞的名菜。洋人只會做焗蟹殼，把肉拆了，混粉，裝入蟹殼中焗出或油炸，已認為是烹調螃蟹的大變化。這道菜又被二三流廚師濫做，當今見到，怕怕。

談到炸，是一門很高深的學問。什麼叫做炸？是單純地把食物由生變熟罷了，不能留下油膩。整個日本也只有幾家人的天婦羅炸得像樣，絕對不是美國人的炸薯仔條那麼簡單。把螃蟹炸得出色的，是潮州人的蟹棗，以馬蹄和蟹肉當餡，豬網油包之，然後再炸。當今的皮改為豆腐皮，油為植物的，粉多肉少，已不是食物，淪為飼料了。

螃蟹一瘦，就變成水蟹了，這時用來煲粥，加上銀杏、腐竹、陳皮和瑤柱更佳。但是最重要的是用海蟹而不是淡水蟹，把野生海水青蟹養個幾天，讓它更瘦更乾淨，活著入煲煮之，有點殘忍，但給會欣賞的人吃了，生命也有個交代。

　　凡是用蟹來煮的湯都很鮮甜，馬賽的布耶佩斯也有螃蟹，螃蟹煮水瓜加點冬菜，也是一絕。

　　數螃蟹的種類，天下有五千種。銅板大的澤蟹，在居酒屋中炸來整隻細嚼，有陣蟹味，聊勝於無。最大的是阿拉斯加蟹，只吃蟹腳，蒸熟後放在炭上烤，讓蟹殼的味道燻入肉中，更上一層樓。

　　我自己最拿手的，是從漁家學到的吃法，最簡單不過：弄個鐵鍋，燒紅，蟹殼朝下放入，撒大量粗鹽到蓋住整隻螃蟹為止，猛火焗之。聞蟹香，即可起鍋，鹽在殼外，肉不會太鹹，鮮美無比。

　　另一個方法在印度果阿學到，把蟹肉拆開，加咖哩粉和辣椒、椰漿煮成肉醬，醒胃刺激。

　　避風塘炒蟹是從「喜記」老闆廖喜兄學的，以豆豉為主，蒜蓉次之，配以野生椒乾和新鮮指天椒，功力只有廖喜的十分之一。但是我的胡椒蟹可和他匹敵，最重要的是不先油炸，用牛油把螃蟹由生炒至熟，加大量的粗磨黑胡椒炒成。

　　最受友人歡迎的還是我做的普通的蒸螃蟹，將蟹洗淨斬件，放在碟上，蒸個幾分鐘，看蟹有多肥瘦而定，全靠經驗，教不得人，失敗數次就成功。祕訣在於蒸好之後淋上幾滴剛炸好的豬油。啊，談來談去又是豬油。我怎能吃素？做不了和尚也。

吃羊肉：和陳曉卿在北京吃羊肉

這次去北京，主要為電視臺錄一個農曆新年節目，從初一到初七，每天播一集。內容談的又是飲食，其實講來講去，都是一些我發表過的意見，但電視臺就是要求重複這個話題，並叫我燒六個菜助興。

事前溝通過，我認為既然要示範，一定得做些又簡單又不會失敗的家常菜，太複雜的還是留給真正的餐廳大師傅去表演。

導演詹末小姐上次在青島做滿漢全席比賽的評判時合作過，大家決定第一天燒「大紅袍」這道菜，其實和衣服或茶葉無關，只是鹽焗蟹，取其形色及吉利。把螃蟹洗淨放入鐵鍋，撒大把粗鹽，上鍋蓋，焗至全紅，香味四噴，即成。

第二道是媽媽教的菜，蔡家炒飯。第三道為龍井雞，用一個深底鍋，下面鋪甘蔗，雞全只，抹油鹽放入，上面撒龍井，上蓋，四十分鐘後，雞碧綠。第四道煲江瑤柱和蘿蔔，加一小塊瘦肉，煲個四十分鐘，江瑤柱甜，蘿蔔也甜，沒有失敗的道理。第五道為薑絲煎蛋，讓坐月子的太太吃，充滿愛心。

　　第六道，編導要求與文學作品有關，紅樓宴和水滸餐已先後出籠，故選了金庸先生《射鵰英雄傳》裡的「二十四橋明月夜」，是黃蓉騙洪七公武功時做的菜，要把豆腐釀在火腿裡面。這道菜鏞記的甘老闆和我一起研究後做過，其實也不難，把火腿鋸開，挖兩個洞，填入豆腐後蒸個四五個小時罷了。

　　一切準備好，開拍的那天還到北京的水產批發市場去買肥大的膏蟹及其他材料，然後進攝影廠。化妝間內遇兩位主持，一男一女。女的叫孫小梅，多才多藝，拉的一手好小提琴。前些時候還看到她用英語唱京劇，人長得很漂亮。

　　男的叫大山，是個洋人，原來這位老兄還是個重量級人物，常在電視中表演相聲，遇到的人都要求和他合照並索取簽名。加拿大人的他，說得一口京電影，比我的普通話還要標準。大山在節目中說他一年拜一個師傅，去年拜的還是作對聯的，今年要拜我做燒菜的師傅。我說 OK，不過有個條件，那就是讓我拜他作普通話老師。

　　大家都很專業，錄影進行得快，本來預算三天的工作，兩天就趕完。電視臺安排我們住最近的旅館，有香格里拉和世紀金源大飯店的選擇。他們說前者已舊了，不如改為後者吧，是新建的，我沒住過，試試也好。

　　世紀金源大飯店位於海澱區板井路上，是個地產商發展

的，附近都是他們蓋的公寓。酒店本身也像一座座的住宅，又是和我上次住的王府井君悅一樣，為彎彎的半月建築。

補其不足的是地庫有個所謂的「不夜城」，裡面有很大的超市、夜總會、桑拿、足底按摩、迪斯科和各類商店，最主要的是有很多很多的特色餐廳，二十四小時營業。

我們抵達那天就第一時間去一家北京小店吃東西，看見一鍋鍋的骨頭，肉不多，用香料煮得熱辣辣上桌。菜名叫羊蠍子，與蠍子無關，骨頭翹起，像只蠍子的尾巴，故名之。這鍋羊肉實在吃得痛快，不夠喉，還要了白煮羊頭、羊雜湯和炒羊肉等。來到北京不吃羊，怎說得過去？

當天晚上又去吃羊，在海澱區有家出名的涮羊肉店叫「鼎鼎香」的，那裡有像「滿福樓」一樣的生切羊腿，不經過雪藏，由內蒙古直接運到，肉質柔軟無比，羊羶味恰好，連吃好幾碟。又來甲羊圈，全肥的。最後試小羊肉，味道不夠，但肉質更軟細，吃得大樂。

第三天再跑去「不夜城」，選家湖北菜館，本來想叫些別的，但菜單上的羊肉有種種不同的做法，忍不住又叫了一桌子羊。

節目錄完，監製陳曉卿請我們到一家叫「西貝」的西北餐廳。地方很大，每間房都有自己的小廚房，稱之什麼什麼家，我們去的那間，就叫蔡家。

　　蒙古人當然吃羊啦，羊鞍子是一條條的羊扒骨，用手撕開來啃肉，味道奇佳。我看菜單上有烤小羊，要了一碟，陳曉卿臉上有點你吃不完的表情，但一碟子的羊那麼多人吃，怎會吃不完？一上桌才知道是一整隻的小羊，烤得很香脆，照吃不誤。接下來的，都是羊肉。

　　來北京之前聽說這個冬天極冷，零下十五度。從機場走出，天回暖，是四五度吧？因為衣服穿得多，出了整身汗，酒店房間的熱氣十足，關掉空調還是熱，只有請服務員來開啟窗子才睡得著覺。電視攝影棚燈光打得多，又熱了起來，餐廳更熱，全身發滾。

　　沒有理由那麼熱吧？後來發現羊肉吃得多，熱量從體內發出。這個北京的冬天所流的汗，比其他地方的夏天更多。

燒烤：年輕人最愛也最原始的烹飪方式

年輕人對燒烤樂此不疲，夏日冬天都在野外麇集，把各種肉類燒得半生不熟吞進肚，自己的血液又給蚊子昆蟲吸掉，樂融融。

人類學會烹調，燒烤是第一課，最為原始。有什麼把食物用火燒烤一下那麼簡單呢？廚藝進化了，我們才發現原來有鹽焗、泥煨、燉、燜、煨、燴、扒、焙、氽、涮、熬、鍋、醬、浸、燉、燜、炸、烹、熘、炒、爆、煎、貼、焗、拔絲、琉璃、臘涼、掛霜、拌、燴和醃那麼多花樣，為什麼我們還要回到燒烤呢？

西方人的廚藝就簡單得多了，就算讓他們把分子料理算進去，也不過是烤、焗、煎、炸罷了。他們甚少把蔬菜拿去炒。至於蒸，更是再學數百年也趕不上廣東佬，所以就非常注重燒烤 BBQ 了。

燒牛排、豬扒、羊扒我能了解。但他們有個傳統，要燒軟糖。你可以在《花生》漫畫中看到，史努比和糊塗塌客都愛用樹枝插幾粒軟糖燒烤。軟糖這種東西，本來就不好吃，燒起來即焦，縮成一團，味道更是古怪，但這是燒烤派對必

備的，也解釋了為什麼我對燒烤不感興趣。

食物到了日本，寧願吃生的，對燒烤，他們叫做「落人燒」。落人就是失敗的人，源氏和平家打仗，後者輸了，跑進深山躲避，沒有烹煮用具，只有以最原始的方法燒製，是日本人最初的燒烤。到了中東，有烤肉串和掛爐的各種進一步的燒法。來到華人手裡，就塗上了醬，用支鐵叉叉了乳豬在炭上烤。後來還發展到明火烤、暗火烤等熱輻射方式，更有低溫一百度以下烤製食物，稱為「烘」，或在二百度以上的高溫，叫做「烘烤」。最高境界，莫過於廣東人的叉燒，任何吃豬肉的民族吃了都會翹起拇指稱好。

到底，燒烤爐上的肉，並不必用到最新鮮柔軟的，因為那麼燒，也吃不出肉質的好壞。肉多數是醃製過的，加甜加蒜和各種醬料，就能把劣質或冰凍已久的肉燒得香噴噴。

舉個例子，像韓國人吃的肉，燒烤居多。最初是用一個龜背的銅器，四周有道槽，把醃製過的牛肉就那麼在龜背鍋一放，不去動它，讓燒熟肉的汁流進槽中，用根扁平的湯匙舀起來淋在飯上，送肉來吃。韓國人生活品質提高後，就發明了一個平底的火爐，把上等肉切成一小片一小片往上擺著燒，這麼吃雖然比大塊牛排文明，但到底沒經醃製，味道反而沒有便宜肉好。

日本經濟起飛後，就流行起所謂的「爐端燒」，其實就

是一種變相的燒烤，比從前的「落人燒」高級得多。「爐端燒」什麼都燒，肉、魚、蔬菜、飯糰，用料要多高級有多高級。由一個跪著的大師傅燒後，放在一根大木板匙上，送到客人面前。「爐端燒」沒什麼大道理，只講究師傅的跪功，年輕的跪不到十五分鐘就要換人。

「燒鳥」是另一種形態，日本人稱雞為鳥，其實燒的是雞。這種平民化的食物烤起來雖說一樣，但有好的大師傅，做出的燒鳥就是不同。溫度控制得好，肉就軟熟，和那些烤得像發泡膠的有天淵之別。

同樣是串燒，南洋人的「沙嗲」更有文化，主要是肉切得細，又有特別的醬料醃製，烤起來易熟又容易吃進口。肉太大塊的話，水平就低了，東南亞之中，做得最好的是馬來西亞的，高級起來，還削尖香茅來當籤，增加香味。蘸的沙嗲醬也大有關係，醬不行，就甭吃了。新疆人的羊肉串與沙嗲異曲同工，在肉上撒的孜然粉，吃不慣的人會覺得有一股腋下味，愛好的沒有孜然粉不行。

在野外吃燒烤，我最欣賞的是東歐人做的。他們遇上節日，就宰一頭羊，耕作之前堆了一堆稻草，把羊擺在鐵架上。鐵架的兩端安裝了風車，隨風翻轉，稻草的火極細，慢慢烤，烤個一整天。當太陽下山，農夫工作完畢就把羊抬回家，將羊斬成一塊塊，一手抓羊肉，一手抓整個洋蔥，沾了

鹽，就那麼啃起來，天下美味也。

總之，要原汁原味的話，不能切塊，應該整隻動物燒。廣東人的燒大豬最精彩，先在地上挖個深洞，洞壁鋪滿磚頭，放火把磚燒紅，才把豬吊進洞內燒，熱量不是由下而上，而是全面包圍，這一來，皮才脆，肉才香。

原只燒烤，還有烤乳牛和烤駱駝。在中東吃過，發覺後者沒有什麼特別的香味，駱駝肉真不好吃，還是新疆人烤全羊最為精彩。

羊烤得好的話，皮也脆，可以就那麼撕下來送酒，有人喜歡吃黏著排骨的肉，說是最柔軟；有人愛把羊腿切下，用手抓著大嚼，那種吃法，豪爽多過美味。

我則一向伸手進羊身，在腰部抓出羊腰和旁邊的那團肥肉來吃，最香最好吃了。古人所謂的刮了民脂民膏，就是這個部分吧？這次去澳洲也照樣吃了，年紀一大，消化沒年輕時強，吃壞了胃，午睡時做個夢，夢見自己變成一個貪官，被閻羅王抓去拔舌。

咖哩宴菜單及菜譜

　　我的好友劉幼林（Bob Liu），最喜歡說的故事，是我到他家中燒菜，一煮就煮出十道不同的咖哩來。

　　那是數十年前的事了。他當年住在東京原宿，角落頭的大廈，樓下是間西裝店，我常到他家做客。他首任太太叫貝拉，是位「中華航空」的空姐，但樣子像混血兒，身材高大，美豔動人。她說她最愛吃咖哩了，我又約了一個日本紅歌星女友，乘機大為表演一番。

　　沒下過廚的人，總以為咖哩很難炮製，其實最簡單不過，只要失敗過兩三次，一定做得好。

　　咖哩有幾個基本的步驟，那就是先下油，把切碎的洋蔥爆一爆。其他菜下豬油才香，咖哩卻忌豬油，用植物油好了，粟米油、橄欖油都行，甚至用椰油，就是不能下豬油，牛油也盡量避免，因為咖哩不是以油香取勝的。

　　洋蔥一個或兩個三個，看咖哩的分量而定，咖哩的甜味，基本上靠洋蔥。香港著名的咖哩店外，常見一大袋一大袋的洋蔥，可見用的分量極多。不可弄得太碎，先把洋蔥頭尾切去，開半，把扁平的一方朝下，再直切或橫切都行，不

必太薄，指甲的長度分成三片即可。

　　燒熱鍋，下油，見油起煙，放洋蔥，炒至金黃，香味噴出時就可以加咖哩粉或咖哩醬了。香港的香料店或雜貨店裡，一般賣的都是印度咖哩粉。如果用的都是同一樣粉，就做不出十種咖哩來。基本上咖哩的原料只有幾種，想要新鮮香甜的風味，用的是小荳蔻、肉桂、丁香和生薑；濃味的可選擇薑黃和芫荽籽。我們認為的「印度味」，那是加了孜然而產生的。

　　把印度咖哩粉加進洋蔥中一塊炒，再下雞肉拌勻炒香，最後注入清水，煮個半小時，第一道咖哩雞就能上桌了。

　　第二道來點小吃，以碎肉代替雞，咖哩粉下得濃一點，炒後用薄餡皮包捲，再炸，就是咖哩春捲。

　　咖哩牛肉用南洋煮法。所謂的南洋咖哩，包括了馬來西亞和印尼的，主要原料和印度咖哩相同，但是去掉了孜然，而不用清水，以椰漿熬之。牛肉不可先煮軟切塊再放入咖哩中加熱，這是香港咖哩餐廳的方法，以求方便，但這麼一來咖哩歸咖哩，肉歸肉，二者不結合，味遜也。牛肉一定要和咖哩汁一塊炆至軟熟才行；用了椰漿，比印度咖哩更為惹味，這是第三道。

　　第四道的咖哩蝦，用泰國方式燒出來。泰國咖哩辛辣，下的是指天椒碎，我把它放在一旁，讓愈吃愈嗜辣的人自

己加。泰國咖哩為了中和辣味，也多下點糖，用了大量的香茅、高良薑和橙葉，燒出來的味道與印度或南洋咖哩截然不同。

第五道是咖哩魚頭了。最難做，因為劉幼林家裡沒有巨大的鍋。也罷，用沸水淋之，去其腥味，再用咖哩粉放進大湯鍋來煮，同時下叫做「淑女手指」的羊角豆，讓它把咖哩汁吸進種子之中，咬破了有魚子醬一般的口感。

本來要炒咖哩蟹的，但覺得太過平凡，想起在印度海邊小鎮 Goa 吃過的一道蟹菜，即刻依樣畫葫蘆。那是把螃蟹蒸熟，拆下肉來備用。另邊廂，取掉孜然，只用薑黃、肉桂和芫荽籽，再加藏紅花染色，蟹肉煮得鮮紅，攪成一大團，用匙羹舀來吃，味道馬上與幾道菜完全不一樣，無不讚好。這是第六道菜。

第七道菜分量不能太多，也不可再有肉類，就用高麗菜—廣東人叫的椰菜來煮椰漿，放幾片咖哩葉、丹桂樹葉和眾香子（Allspice）去串味兒。

這時可以來飯了，用薑黃、孜然芹、小荳蔻和丁香混合的粉焗炒洋蔥；另一方面把印度野米洗淨，倒入油鍋中加鹽去炒，再下香料，加水，蓋上鍋蓋，慢煮個十五分鐘，最後下幾粒葡萄乾拌之。咖哩飯是第八道。

　　第九道菜，用龍蝦餵了粉炸成。「簡直是天婦羅嘛。」女友問，「怎能叫成咖哩菜？」「你先點一點醬。」我說。「那是黃芥末呀！」「試過才知。」那碟像黃芥末的黃色醬料，與芥末完全無關，是用最普通的蛋黃醬混了咖哩粉拌成。「這是第九道咖哩菜。」我宣布。

　　「最後一道菜是什麼？不會做咖哩甜品吧？」劉太太迫不及待地問。「說得不錯，就是咖哩甜品！」做法簡單，這道菜可花上幾小時的功夫，是事先做好的，把小荳蔻的青豆莢搗碎，加一半牛奶一半奶油（淡奶油），煮滾，待冷卻。打蛋黃進去，攪勻，開火加熱，令其變稠。這時可以加腰果碎、茴香粉、月桂粉，再添蜜糖，冷凍兩小時，再攪，放入冰格。因時間不夠，凍結不太成形，大家原諒，當了咖哩糖水喝。我在一邊笑嘻嘻，一點咖哩也嚥不下去，光喝酒，大醉，醒來全身咖哩味。

一個人的美食，是另一個人的毒藥

「逐臭之夫」，字典上說：「猶言不學好下向之徒。」這與我們要講的無關，接著解「喻嗜好怪癖，異於常人」，就是此篇文章的主旨。你認為是臭的，我覺得很香。外國人人亦言「一個人的美食，是另一個人的毒藥」，實在是適者珍之。

最明顯的例子就是榴槤了，強烈的愛好或特別的憎惡，並沒有中間路線可走。我們聞到榴槤時喜歡得要命，但報紙上有一段港聞，說有六名義大利人，去旺角花園街，見有群眾圍著，爭先恐後地擠上前，東西沒看到，只嗅到一陣毒氣，結果六人之中，有五個被榴槤的味道燻得暈倒，此事千真萬確，可以尋查。

和窮困有關，中國的發黴食物特別多，中國大陸有些省份，家中人人有個臭缸，什麼吃不完的東西都擺進去，發霉後，生出碧綠色的菌毛，長相恐怖，成為美食。

臭豆腐已是我們的國寶，黃的赤的都不嚇人，有些還是漆黑的呢。上面長滿像會蠕動的綠苔，發出令人忍受不了的異味，但一經油炸，又是香的了。一般人還嫌炸完味道跑

掉，不如蒸的香。杭州有道菜，用的是莧菜的梗，普通莧菜很細，真想不到那種莖會長得像手指般粗，用鹽水將它醃得腐爛，皮還是那麼硬，但裡面的纖維已化為濃漿，吸噬起來，一股臭氣攻鼻。用來和臭豆腐一齊蒸，就是名菜「臭味相投」了。

未到北京之前，受老舍先生的著作影響，我對豆汁有強烈的憧憬，找到牛街，終於在回民店裡喝到。最初只覺一口餿水，後來才吃出香味，怪不得當年有一家名店，叫做「餿半街」。不知者以為豆汁就是大豆磨出來，像豆漿，壞不到哪裡去。其實只是綠豆粉加了水，沉澱在缸底的澱粉出現灰色，像海綿的漿，取之發酵後做成的，當然餿。什麼叫餿？餐廳裡吃剩的湯羹，倒入石油鐵桶中，拿去餵豬的那股味道，就是餿了。

南洋有種豆，很臭，乾脆就叫臭豆，用馬來盞來炒，尚可口。另有一種草有異味，也乾脆叫臭草，可以拿來煮綠豆湯，引經據典，原來臭草，又名藥香。

這些臭草臭豆，都比不上「折耳根」，有次在四川成都吃過，不但臭，而且腥，怪不得又叫「魚腥草」，但一吃上癮，從此見到此菜，非點不可。

食物就是這樣的，一定要大膽嘗試，吃過之後，發現又有另一個寶藏待你去發掘。

芝士就是這個道理，愈愛吃愈追求更臭的，牛奶芝士已經不夠看，進一步去吃羊芝士，有的臭得要浸在水中才能搬運，有的要黴得生出蟲來。

　　洋食物的臭，不遑多讓，他們的生火腿就有一股死屍味道，與金華的香氣差得遠，那是醃製失敗而成，有些人卻是要吃這種失敗味。其實他們的醃小魚（Anchovy）和我們的鹹魚一樣臭，只是自己不覺，還把它們放進沙拉中攪拌，才有一點味道，不然只吃生菜，太寡了。

　　日本琵琶湖產的淡水魚，都用發酵的味噌和酒麴來醃製，叫做「Nuka Tsuke」，也是臭得要死。初試的外國人都掩鼻而逃，我到現在也還沒有接受那種氣味，但腐爛的大豆做的「納豆」，倒是很喜歡。

　　伊豆諸島獨特的小魚子，用「室夠（Muroajj）」晒成，是著名的「臭屋（Kusaya）」。聞起來腥腥的，不算什麼，但一經燒烤，滿室臭味，日本人覺得香，我們受不了。

　　蝦醬、蝦膏，都有腐爛味，用來蒸五花腩片和榨菜片，不知有多香！南洋還有一種叫「蝦頭膏」的，是檳城的特產。整罐黑漆漆，如牛皮膠一般濃，小吃「囉惹」或「檳城叻沙」，少了它，就做不成了。

　　「你吃過那麼多臭東西，有哪一樣是最臭的？」常有友人問我。答案是肯定的，那是韓國人的醃魔鬼魚，叫做

「虹」，生產於祈安村地方，最為名貴，一條像沙發坐墊一樣大的，要賣到七八千港幣，而且只有母的才貴，公的便宜，所以野生的一抓到後，即刻斬去生殖器，令它變嬤（母的）。

傳說有些貴族被皇帝放逐到小島上，不準他們吃肉，每天三餐只是白飯和泡菜，後來他們想出一個辦法，抓了虹魚，埋進木灰裡面等它發酵，吃起來就有肉味。後來變成珍品，還拿回皇帝處去進貢呢。醃好的虹魚上桌，夾著五花腩和老泡菜吃，一塞入口，即刻有陣強烈的阿摩尼亞味，像一萬年不洗的廁所，不過像韓國人說的，吃了幾次就上癮。

天下最臭的，虹魚還是老二，根據調查，第一應該是瑞典人做的魚罐頭，叫做 Surstromming。用鯡魚做原料，生劏後讓它發霉，然後入罐。通常罐頭要經過高溫殺菌，但此罐免了，在鐵罐裡再次發酵，產生強烈的氣味，瑞典人以此夾麵包或煮椰菜吃。

罐頭上的字句警告，開罐時要嚴守四點：一、開罐前放進冰箱，讓氣體下降；二、在家中絕對不能開啟，要在室外進行；三、開罐前身上得著圍裙；四、確定風向，不然吹了下去，不習慣此味的人會被燻昏。

有一個傢伙不聽勸告，在廚房一開啟，罐中液體四濺，味道有如十隊籃球員一齊脫下數月不洗的鞋子，整個家，變成名副其實的「臭屋」。

甜與鹹的結合，千變萬化

南洋小子，第一次來到香港，被朋友請到寶勒巷的「大上海」，第一道菜上的是紅燒元蹄，一看，好不誘人，吃了一口，咦？怎麼是甜的？

甜與鹹，不只是一個味道，而是一種觀念，你認為這一道菜應該是鹹的，但是一吃，加了糖，變成又甜又鹹，就覺奇怪，就吃不慣。對上海人來講，他們從小就是這個吃法，一點問題也沒有，對其他地方人，就產生怎麼吃得下去的想法。

固執地認為又甜又鹹的東西不好吃，那麼人生對於吃的樂趣就減去了一半，而永遠覺得只有家鄉味好，就是一隻很大很大的井底蛙了。

英國人也一樣，吃東西時，先吃鹹的，到最後才吃甜的，忽然間出現了一道蜜瓜生火腿，即刻搖頭。義大利人則偷偷地笑，那麼美味的東西，你們怎麼懂得了？

天下美食，都是一群大膽的、充滿好奇心的人試出來的。只要安穩，不求變的人，無法享受，也不值得讓他們享受。

　　最初去日本，貪便宜叫了一客「親子丼」，是雞肉和雞蛋的組合。吃了一口，哎呀，怎麼是甜的，雞蛋怎麼可以下糖，除了蛋糕甜品？後來發現他們不只在「親子丼」下糖，吃壽司時的蛋捲也下糖，壽司鋪沒有甜品，只有吃雞蛋捲當甜品了。

　　日本菜裡面很多又甜又鹹的，醬汁尤多，像烤鰻魚的蒲燒，也很甜。最初吃不慣，後來才分別得出，醬汁的甜，和鰻魚肉的甜，又是兩碼事。

　　引申出去，有人認為魚是魚，肉是肉，不應該混在一起吃，一混了，立刻拒絕嘗試，但是「鮮」字是怎麼寫的，還不是魚和肉？

　　海鮮和肉類的配合，有很多極為美味的菜餚，像寧波人的紅燒肉中加了海鰻乾，韓國人燉牛肋骨時加了墨魚，都是前人大膽地嘗試後遺留給我們的智慧。

　　和年輕人聊起做生意和創造食物新產品，我的所有生意，都是「無中生有」。十分有趣，我年輕時一提起生意即厭惡，上了年紀後才知道甚為好玩。無中生有，多有創意呀！

　　無中生有就像鹹，要配合了甜來起變化，那就是「與眾不同」了。舉個例子，像我在網上賣蛋捲，賣得很好，蛋捲是一種廣東小吃，人人會做，就不是無中生有了；人人會做，就不是與眾不同了。

我一開始想做蛋捲，是吃到廣東東莞道滘地方，有一家叫「佳佳美」的，粽子生意做得最大，他們也出一些小吃，其中蛋捲都是人工焙製，一片片地捲起來，薄如紙，做法是一流的。

我與「佳佳美」的老闆娘盧細妹相識甚久，交情頗深，就請她幫忙做我的蛋捲，她的工廠寬暢，非常乾淨，人手又足夠，一口答應了我的要求，把試味的工作交給了她的得力助手袁麗珍。

無中生有已經有了一半，接著就是怎麼與眾不同了，一般的蛋捲的味道都是甜的，我的配方是又加蒜頭又加蔥，做出又甜又鹹的蛋捲來。

這一下子可把袁麗珍折騰壞了，味道試完又試，不滿意的全部丟掉，一次又一次的失敗。

從袁麗珍的表情，我可以看得出她是一個和我一樣勇於嘗試的人，從不抱怨，重複再重複地試做，終於做出讓我首肯的產品來。

當今，我們的產品再一次證實，甜與鹹的結合可以千變萬化。

盧細妹一開始就了解甜與鹹的配合，道滘的粽子，特點就是甜與鹹，他們粽子的餡，除了蛋黃，還把一塊肥肉浸在冰糖之中，包裹後蒸熟，甜味的油完全融在粽子之中，所以

味道非常之特別，深得我心。但不是每一個人都會接受，曾經把這粽送給上海朋友，他們都皺了眉頭。

濃油赤醬也不是帶甜嗎？怎麼不能接受，這又回到習慣的問題，這位朋友吃慣了湖州的粽子，新三陽老三陽賣的那種，一點也不帶甜的，所以就不喜歡了。

不愛吃的味道，慢慢地接觸，像談戀愛一樣，久而久之，便發生感情。最初，我們都不吃刺身的；最初，我們很討厭牛排；最初，我們聞到芝士味道就掩鼻。

一走進那個陌生的味道世界，宇宙便給我們開啟，要研究的像天上的星星，一生一世的時間是不夠的。

回到基本，甜與鹹可以結合，酸與澀亦行，總之要試。我不厭其煩地重複：試，成功的機會一半；不試，機會是零。

但是，有些人怎麼去說服，也說服不了，不必生氣，也不必教精他們。這些人，注定只有傳教士一種方式，不必同情，讓他們自生自滅。

為下一代埋下一顆美食的種子

在一個熱門節目中，主持人汪涵有學識及急中生智的能力，是成功的因素。他一向喜歡我的字，託了沈宏非向我要了，我們雖未謀面，但大家已經是老朋友，當他叫我上他的節目，我欣然答應。

反正是清談式的，無所不談，不需要準備稿件，有什麼說什麼，當被問道：「如果世上有一樣食物，你覺得應該消失，那會是什麼呢？」

「火鍋。」我不經大腦就回答。

這下子可好，一棍得罪天下人，喜歡吃火鍋的人都與我為敵，遭輿論圍攻。

哈哈哈哈，真是好玩，火鍋會因為我一句話而消滅嗎？

而為什麼當時我會衝口而出呢？大概是因為我前一些時間去了成都，一群老四川菜師傅向我說：「蔡先生，火鍋再這麼流行下去，我們這些文化遺產就快保留不下了。」

不但是火鍋，許多速食如麥當勞、肯德基等都會令年輕人只知那些東西，而不去欣賞老祖宗遺留給我們的真正美食，這是多麼可惜的一件事。

　　火鍋好不好吃，有沒有文化，不必我再多插嘴，袁枚先生老早代我批評。其實我本人對火鍋沒有什麼意見，只是想說天下不只是火鍋一味，還有數不完的更多更好吃的東西，等待諸位一一去發掘。你自己只喜歡火鍋的話，也應該給個機會讓你的子女去嘗試，也應該為下一代種下一顆美食的種子。

　　多數的速食我不敢領教，像漢堡包、炸雞翼之類，記得在倫敦街頭，餓得肚子快扁，也走不進一家，寧願再走九條街，看看有沒有賣中東烤肉的。但是，對於火鍋，天氣一冷，是會想食的，再三重複，我只是不贊成一味火鍋，天天吃的話，食物已變成了飼料。

　　「那你自己吃不吃火鍋？」小朋友問。

　　「吃呀。」我回答。

　　到北京，我一有機會就去吃涮羊肉，不但愛吃，而且喜歡整個儀式，一桶桶的配料隨你新增，芝麻醬、豆腐乳、韭菜花、辣椒油、醬油、酒、香油、糖等，好像小孩子玩泥沙般地新增。最奇怪的是還有蝦油，等於是南方人用的魚露，他們怎麼會想到用這種調味品呢？

　　但是，如果北京的食肆只是涮羊肉，沒有了滷煮，沒有了麻豆腐，沒有了炒肺片，沒有了爆肚，沒有了驢打滾，沒有了炸醬麵……那麼，北京是多麼沉悶！

南方的火鍋叫打邊爐，每到新年是家裡必備的菜，不管天氣有多熱，那種過年的氣氛，甚至於到了令人流汗的南洋，少了火鍋，過不了年，你說我怎麼會討厭呢？我怎麼會讓它消滅呢？但是在南方天天煮火鍋，一定熱得流鼻血。

　　去了日本，鋤燒壽喜燒（Sukiyaki）也是另一種型別的火鍋，他們不流行一樣樣食材放進去，而是一火鍋煮出來，或者先放肉，再加蔬菜豆腐進去煮，最後的湯中還放麵條或烏龍麵，我也吃呀，尤其是京都「大市」的水魚鍋，三百多年來屹立不倒，每客三千多港幣，餐餐吃，要吃窮人的。

　　最初抵達香港適逢冬天，即刻去煮火鍋，魚呀、肉呀，全部扔進一個鍋中煮，早年吃不起高級食材，菜市場有什麼吃什麼，後來經濟起飛，才會加肥牛之類，到了二十世紀八十年代的窮凶極惡時，最貴的食材方能走入食客的法眼，但是我們還有很多的法國餐、義大利餐、日本餐、韓國餐、泰國餐、越南餐，我們不會只吃火鍋，火鍋店來來去去，開了又關，關了又開。代表性的「方榮記」還在營業，也只有舊老闆金毛獅王的太太，先生走後，她還是每天到每家肉檔去買那一隻牛隻有一點點的真正肥牛肉，到現在還堅守。我不吃火鍋嗎？吃，「方榮記」的肥牛我吃。

　　到了真正的發源地四川去吃麻辣火鍋，發現年輕人只認識辣，不欣賞麻，其實麻才是四川古早味，現在都忘了。看

年輕人吃火鍋，先把味精放進碗中，加點湯，然後把食物蘸著這碗味精水來吃，真是恐怖到極點，還說什麼麻辣火鍋呢？首先是沒有了麻，現在連辣都無存，只剩味精水。

　　做得好的四川火鍋我還是喜歡，尤其是他們的毛肚，別的地方做不過他們，這就是文化了，從前有道毛肚開膛的，還加一大堆豬腦去煮一小耳朵辣椒，和名字一樣刺激。

　　我真的不是反對火鍋，我是反對做得不好的還能大行其道，只是在醬料上下功夫，吃到的不是真味而是假味。味覺這個世界真大，大得像一個宇宙，別坐井觀天了。

用素食來表達對生活的熱愛

最近有緣認識了一群佛家師父，帶他們到各齋鋪吃過，滿意的甚少，有機會的話，想親自下廚，做一桌素食孝敬孝敬。

「你懂得吃罷了，會做嗎？」友人懷疑。我一向認為欣賞食物，會吃不會做，只能了解一半。真正懂得吃的人，一定要體驗廚師的辛勤和心機，才能領略到吃的真髓。「是的，我會燒菜，做得不好而已。」我說。

「你寫食評的專欄名叫《未能食素》，這證明你對齋菜沒有研究，普通菜色你也許會做幾手，燒起齋菜來，你應付得了？」友人又問。《未能食素》是題來表現我的六根不清淨，慾念太多罷了，並不代表我只對葷菜有興趣。不過老實說，自己吃的話，素菜和葷菜給我選擇，還是後者。

貪心嘛，想多一點花樣。

齋就齋吧！我要做的並非全部自己想出來的，多數是以前吃過，留下深刻印象，當今將之重溫而已。

第一道小菜在「功德林」嘗過，現在該店已不做的「炸粟米鬚」。

向小販討些他們丟掉的粟米鬚，用猛火一炸，加芝麻和白糖而成。就那麼簡單，粟米鬚炸後變黑，看不出也吃不出是什麼東西，但很新奇可口。將它演變，加入北京菜的炸雙冬做法，用冬筍和珍珠花菜及核桃炸得乾乾脆脆，上面再鋪上粟米鬚，這道菜相信可以騙得過人。

接著是冷盤，用又圓又大的草菇。灼熟，上下左右不要，切成長方片。再把新界芥藍的梗也灼熟，同樣切為長方，鋪在碎冰上面，吃時點著帶甜的壺底醬油，刺身吃法，這道齋菜至少很特別。

做多一道冷盤，買大量的羊角豆，洋人稱之為「淑女的手指」。剝開皮，只取其種子。另外熬一小耳朵草菇汁來煨它，讓羊角豆種子吸飽，攤凍了上桌，用小匙羹一羹細嚼，羊角豆種子在嘴中咬破，啵的一聲流出甜汁，沒嘗過的人會感稀奇吧。

接著是湯了，單用一種食材：蘿蔔。把蘿蔔切成大塊，清水燉之，燉至稀爛不見為止。將蘿蔔刨成細絲，再燉過。這次不能燉太久，保持原形，留一點咀嚼的口感，上桌時在面上撒夜香花。

事先熬一鍋牛肝菌當上湯，就可以用來炆和炒其他材料了。買一個大白菜，只取其心，用上湯熬至軟熟，用義大利小型的苦白菜打底，生剝之，鋪成一個蓮花狀，再把炆好的

白菜裝進去，上面刨一些龐馬山芝士碎屑上桌。芝士，素者是允許的，買最好的水牛芝士，切片，就那麼煎，煎至發焦，也是一道又簡單又好吃的菜。

油也可起變化，棄無味之粟米油，用初榨橄欖油、葡萄核油、向日葵油或醃製過黑松菌的油來炒蔬菜，更有一番滋味。

以食材取勝，用又甜又脆的芥藍頭，帶苦又香的日本菜花，甚有咬頭的全木耳，吸汁吸味的荷葉梗等清炒，靠油的味道取勝。苦瓜炒苦瓜，是將一半已經灼熟，一半完全生的苦瓜一齊炒豆豉，食感完全不同。把豆腐渣用油爆香，本來已是一道完美的菜，再加鮮奶炒。學大良師傅的手法炮製，將豆腐渣摻在牛奶裡面炒，變化更大。

這時舌頭已覺寡，做道刺激性的菜佐之。學習北京的芥末墩做法，把津白用上湯灼熟，只取其頭部，拌以醬料。第一堆用黃色的英國芥末，第二堆用綠色的日本山葵，第三堆是韓國的辣椒醬，混好醬後襯回原形，三個白菜頭有三種顏色，悅目可口。

輪到燉了，自制又香又濃的豆漿。做豆漿沒有什麼祕訣，水兌得少，豆下得多，就是那麼簡單。在做好的濃豆漿中加上新鮮的豆腐皮，燉至凝固，中間再放幾粒綠色的銀杏點綴一下，淋四川麻辣醬。

　　已經可以上米飯了，用松子來炒飯太普通，不如把義大利麵煮得八成熟，買一罐磨碎的黑松菌罐頭，舀幾匙進去油拌，下點海鹽，即成。再下去是義大利白松菌長成的季節，買幾粒大的削成薄片鋪在上面，最豪華奢侈。

　　最後是甜品。潮州鍋燒芋頭非用豬油不香，芋頭雖然是素，但已違反了原則，真正的齋菜連酒也不可以加，莫說動物油了。只能花心機，把大菜膏溶解後，放在一鍋熱水上備用，這樣才不會凝固。雲南有種可以吃的茉莉花，非常漂亮，用滾水灼一灼，攤凍備用。這時，用一個尖玻璃杯，把加入桂花糖的大菜膏倒一點在杯底，枝朝上，花朵朝下，先放進一朵花，等大菜膏凝固，在第二層放進三朵，以此類推，最後一層是數十朵花，把杯子倒轉放入碟中上桌，美得捨不得吃。

　　上述幾道菜，有什麼名堂？我想不出。最好什麼名都不要。我最怕太過花巧的菜名，有的運用七字詩去形容，更糟透了。最恐怖的還是什麼齋乳豬、燒鵝、叉燒、滷肉之類的名稱。心中吃肉，還算什麼齋呢？

第一部分 •
今天也要好好吃飯

第二部分

一葷一素，日常的簡單富足美好

> 吃的文化，是交朋友最好的武器。 喜歡做菜的人，應該從認識食材開始。 盡量吃最好的，也不一定是最貴的。

豆芽

最平凡的食物，也是我最喜愛的。豆芽，天天吃，沒吃厭。

一般分綠豆芽和黃豆芽，後者味道帶腥，是另外一回事，我們只談前者。

別以為全世界的豆芽都是一樣，如果仔細觀察，各地的都不同。水質的關係，水美的地方，豆芽長得肥肥胖胖，真可愛；水不好的枯枯黃黃，很瘦細，無甜味。

這是西方人學不懂的一個味覺，他們只會把細小的豆發出迷你芽來生吃，真正的綠豆芽他們不會欣賞，是人生的損失。

我們的做法千變萬化，清炒亦可，通常可以和豆卜一齊炒，加韭菜也行。高級一點，爆香鹹魚粒，再炒豆芽。

清炒時，下一點點魚露，不然味道就太寡了。程序是這樣的：把鍋燒熱，下油，油不必太多，若用豬油為最上乘。等油冒煙，即刻放入豆芽，接著加魚露，兜兩兜，就能上菜，一過熱就會把豆芽殺死。豆芽本身有甜味，所以不必加味精。

「你說得容易，我就不會。」這是小朋友們一向的訴苦。

我不知說了多少次，燒菜不是高科技，失敗三次，一定成功，問題在於你肯不肯下廚。

起碼的功夫，能改善自己的生活。就算是煮一碗泡麵，加點豆芽，就完全不同了。

好，再教你怎麼在泡麵中加豆芽。

把豆芽洗好，放在一邊。火滾，下調味料包，然後放麵，筷子把麵糰撐開，水再次冒泡的時候，下豆芽。麵條夾起，鋪在豆芽上面，即刻熄火，上桌時豆芽剛好夠熟，就此而已。再簡單不過，只要你肯嘗試。豆芽為最便宜的食品之一，上流餐廳認為低階，但是一叫魚翅，豆芽就登場了。最貴的食材，要配上最賤的，也是諷刺。

這時的豆芽已經更新，從豆芽變成了「銀芽」，頭和尾是摘掉的，看到頭尾的地方，一定不是什麼高級餐廳。

家裡吃的都去頭尾，這是一種樂趣，失去了絕對後悔。幫媽媽摘豆芽的日子不會很長。珍之，珍之。

辣椒

辣椒，古人叫「番椒」，顯然是進口的。中國種植後，日本人在唐朝學到，叫做「唐辛子」。

原產地應該是南美洲，最初歐洲人發現胡椒（Pepper），驚為天人，要找更多種類，看到辣椒，也拿來充數，故辣椒原名 Chile，也被稱為「綠色辣椒」（Green pepper）。

辣味來自 Capsicum，有些人以為是內囊和種子才辣，其實辣椒全身皆辣，沒有特別辣的部位。

怎麼樣的一個辣法？找不到儀器來衡量，只能用比較，做出一個從零到十度的計算制度。燈籠椒或用來釀鯪魚的大隻絲綠椒，度數是零。

我們認為最辣的泰國指天椒，只不過七八度。天下最致命，是一種叫 Habanero 的，才能有十度的標準。

Habanero 是「從夏灣拿來的」的意思，現在這種辣椒已移植到世界各地，澳洲產的尤多，外表象迷你型的燈籠椒，有綠的、黃的、紅的、紫的，樣子可愛，但千萬不能受騙，用手接觸切開的，也被燙傷。

已經夠辣了，提煉成辣椒醬的 Habanero，辣度更增加至十倍百倍，通常是放進一個木頭做的棺材盒子出售，購買時要簽生死狀，是噱頭。

四川人無辣不歡，但究竟生產的辣椒並非太辣，絕對辣不過海南島種植的品種。

韓國人也嗜辣，比起泰國菜來，還是小兒科。星馬（新加坡、馬來西亞）、印尼、緬甸、柬埔寨、寮國等地的咖哩，也不能和泰國的比了。

能吃辣的人，細嚼指天椒，能分辨出一種獨特的香味，層次分明，是其他味覺所無，怪不得愛上了會上癮。

辣椒的烹調法太多，已不能勝數。洋人不吃辣，是個錯誤的觀念，美國菜中，最有特色的是辣椒煮豆，到了美國或墨西哥，千萬別錯過，也只有在那裡吃到的，才最為正宗。

天下最不會吃辣的，是日本人，他們做的咖哩，也不辣。

很少人知道，辣椒除了食用，還可拿來做武器，泰國大量生產的指天椒，就給美國國防部買去製造催淚彈。辣椒粉進入眼睛，可不是玩的。

菜心

　　菜心，洋名 Flowering Cabbage，因頂端開著花之故，但總覺得它不屬於捲心菜科，是別樹一類的蔬菜，非常清高。

　　西餐中從沒出現過菜心，只有中國和東南亞一帶的人吃罷了。我們去了歐美，最懷念的就是菜心。當今越南人移民，也種了起來，可在唐人街中購入，洋人的超級市場中還是找不到的。

　　菜心清炒最妙，火候也最難控制得好，生一點的菜心還能接受，過老軟綿綿，像失去效能。

　　炒菜心有一祕訣：在鐵鍋中下油（最好當然是豬油），待油燒至生煙，加少許糖和鹽，還有幾滴紹興酒進油中去，再把菜心倒入，兜兩三下，即成。如果先放菜心，再下作料的話，就老了。

　　因為鹽太寡，可用魚露代之，要在熄火之前撒下。爆油時忌用蠔油，任何新鮮的菜，用蠔油一炒，味被搶，對不起它。

　　蠔油只限於灼熟的菜心，即灼即起，看見灼好放在一邊的麵檔，最好別光顧。那家人的麵也吃不過（不會好吃）。

　　灼菜心時卻要用煮過麵的水，或加一點蘇打粉，才會綠油油，否則變成枯黃的顏色，就打折扣了。

　　夏天的菜心不甜，又僵硬，最不好吃。所以南洋一帶吃不到甜美的菜心。入冬，小棵的菜心最美味。當今在市場中買到的，多數來自北京，那麼老遠運到，還賣得那麼便宜，也想不出老愛吃馬鈴薯的北京人會種菜心。

　　很多人迷信吃菜心時，要把花的部分摘掉，因為它含農藥。這種觀念是錯誤的，只要洗得乾淨就行。少了花的菜心，等於是太監。

　　帶花的菜心，最好是日本人種的，在超級市場偶爾會見到，包成一束束，去掉了梗，只吃花和幼莖。它帶很強烈的苦澀味，也是這種苦澀讓人吃上癮。

　　有時在木魚湯中灼一灼，有時會漬成泡菜，但因它狀美，日本人常拿去當成插花的材料。

　　日本菜心很容易煮爛，吃泡麵時，湯一滾，即放入，把麵蓋在菜心上，就可熄火了，這碗泡麵，變成天下絕品。

生菜

生菜 Lettuce，是類似萵苣的一種青菜，香港人分別為「西生菜」和「唐生菜」兩種叫法。香港人認為唐生菜比西生菜好吃，較為爽脆，不像西生菜那麼實心。

生菜一般呈球狀，從底部一刀切起，收割時連根部分分泌出白色的黏液，故日本古名為「乳草」。

生菜在春天和秋天兩次收成，味帶苦澀，天冷時較為甜美，其他季節也生，味道普通。

沙拉之中，少不了西生菜。生吃時用冰水洗濯更脆。它忌金屬，鐵鏽味存在菜中，久久不散，用刀切不如手剝，這是吃生菜的祕訣，切記切記。

有些人認為只要剝去外葉，生菜就不必再洗。若洗，又很難乾，很麻煩，怎麼辦？農藥用得多的今天，洗還是比不洗好。做生菜沙拉時，將各種蔬菜洗好之後，用一片乾淨的薄布包著，四角拉在手上，甩它幾下，菜就乾了，各位不妨用此法試試。

生菜不管是唐或西，就那麼吃，味還是嫌寡的，非下油不可。西方人下橄欖油、花生油或粟米油，我們的白灼唐生菜，如果能淋上豬油，那配合得天衣無縫。

　　炒生菜時火候要控制得極好，不然就水汪汪了。油下鍋，等冒煙，生菜放下，別下太多，兜兩兜就能上桌，絕對不能炒得太久。量多的話，分兩次炒。因為它可生吃，半生熟不要緊，生菜的纖維很脆弱，不像白菜可以煲之不爛。總之灼也好炒也好，兩三秒鐘已算久的了。

　　有的人在生吃生菜時，用菜包鴿松或鵪鶉松。把葉子的外圍剪掉，成為一個蔬菜的小碗，盛肉後包起來吃。韓國人也喜用生菜包白切肉，有時他們也包麵醬、大蒜片、辣椒醬、紫蘇葉，味道極佳。

　　日本人的吃法一貫是最簡單的，白灼之後撒上木魚絲，淋上醬油，就此而已。京都人愛醃漬來吃。義大利人則把生菜灼熟後撒上龐馬山芝士碎屑。

　　對不進廚房的女人來說，生菜是一種永不會失敗的食材。剝了菜葉，放進鍋中和半肥瘦的貝根醃肉一起煮，生一點也行，老一點也沒問題，算是自己會燒一道菜了。

菠菜

菠菜，名副其實地由波斯傳來，古語稱之為「菠薐菜」。

年輕人對它的認識是由大力水手而來，這個卡通人物吃了一罐罐頭菠菜，馬上變成大力士，印象中，對健康是有幫助的。事實也如此，菠菜含有大量鐵質。

當今一年四季皆有菠菜吃，是西洋種。西洋種葉子圓大，東方的葉子尖，後者有一股幽香和甜味，是西方的沒有的。

為什麼東方菠菜比較好吃？原來它有季節性，通常在秋天播種，寒冬收成，天氣愈冷，菜愈甜，道理就是那麼簡單。

菠菜會開黃綠色的小花，貌不驚人，不令人喜愛，花一枯，就長出種子來。西洋的是圓的，可以用機械大量種植，東方的種子像一顆迷你菱角，有兩根尖刺，故要手播，就顯得更為珍貴了。

另一個特徵，是東方菠菜連根拔起時，看到根頭呈現極為鮮豔的粉紅色，像鸚鵡的嘴，非常漂亮。

利用這種顏色，連根上桌的菜餚不少，用火腿汁灼後，把粉紅色部分集中在中間，綠葉散開，成為一道又簡單又美麗又好吃的菜。

　　西洋菠菜則被當為碟上配菜，一塊肉的旁邊總有一些馬鈴薯為黃色，煮熟的大豆加番茄汁為赤色，和用水一滾就上桌的菠菜為綠色，配搭得好，但怎麼也不想去吃它。

　　至於大力水手吃的一罐罐菠菜罐頭，在歐美的超級市場是難找的，通常把新鮮的當沙拉生吃算了。罐頭菠菜只出現在寒冷的俄羅斯，有那麼一罐，大家已當是天下美味。

　　印度人常把菠菜打得一塌糊塗，加上咖哩當齋菜吃。

　　日本人則把菠菜在清水中一灼，裝入小缽，撒上一些木魚絲，淋點醬油，就那麼吃起來；也有把一堆菠菜，用一張大的紫菜包起來，搓成條，再切成一塊塊壽司的吃法，通常是在葬禮中拿來獻客的。

　　其實菠菜除了初冬，並不好吃，它的個性不夠強，味也貧乏。普通菠菜，最佳吃法是用雞湯火腿湯灼熟後，澆上一大湯匙豬油，有了豬油，任何劣等蔬菜都能入口。

萵苣

用了「萵苣」這個正式的名字，反而沒人知道指的是什麼。因為可以生吃，廣東人乾脆叫它為「生菜」，分成球形和葉狀兩種，前者叫做「西生菜」，而葉狀的沒加一個「西」字。

臺灣人俗稱「萵仔菜」或「妹仔菜」，粗生，用來養鴨，「鴨」字的發音在閩南語中讀成「阿」，所以餐廳裡為了方便，就叫「阿菜」。

中國大陸人則叫成「莜麥菜」。

味道甘而帶苦，很獨特，只有人類喜歡，蟲則避之，所以這種蔬菜很少蟲蛀，不用殺蟲劑，很放心生吃。

折斷了葉梗便會流出白色乳液，華人說以形補形，給坐月子的婦人吃，希望她們多出乳液的傳說，沒什麼科學根據。但是它含有亞硝酸鹽阻斷劑是被證實了的，亞硝酸鹽是一種致癌物質，有了阻斷劑，萵苣便是一種防癌食物了。

洋人清一色地生吃，很少見到他們煮熟，不過有些家庭主婦煮青豆時，也愛加萵苣來調味，倒是常見。

多數華人只生炒。油下鍋，待出煙，加大量蒜蓉，爆至微焦，便可以炒了，因為沒什麼肉類，一般師傅都下點味精和鹽。

　　精湛的廚師會以魚露來代替鹽，有點腥，味便不寡，又灑紹興酒，更起變化，不用味精，一點點糖，是允許的。

　　因為很快熟，半生也行，所以在炒飯時也有很多人喜歡把萵苣切碎後加入，兜兩兜，就能上桌。

　　著名的炒鴿松，就是用片萵苣包來吃，將葉子不規則的邊剪去，變成一個小碟子，形態優美，吃時在葉上加點甜麵醬。

　　韓國人也是生吃的，用來包豬肉，把滷豬手切片，放在萵苣上，加鹹麵醬、生蒜頭、青辣椒來包，最厲害的是放進一顆用辣椒醬醃製過的生蠔吊味，更是好吃。這種豬肉和海鮮的配合吃法，也只有韓國人才想得出來。

　　日本古名為「乳草」，從它流出白色的乳液得來，當今已沒人知道這個叫法，都用拼音念出英語的 Lettuce，也多生吃，煮法最多是灼了一灼，淋上醬油或木魚湯，叫做「湯引（Yubiki）」。

紫菜

談了兩個星期的海藻，終於可以講到紫菜了。

雖然日本人自稱在他們的繩文時代已經吃海帶，但依西元七〇一年訂下的稅制之中，有一項叫 Amanori 的，漢字就是「紫菜」，後來日本人雖改稱為「海苔」，但相信也是用紫菜加工而成的。

原始的紫菜多長在岩石上面，刮下來就那麼吃也行，日本人在海苔中加糖醃製，不晒乾，叫「巖海苔」，裝在一瓶瓶的玻璃罐中，賣得很便宜，是送粥的好菜，各位不妨買來試試。

至於晒乾的，潮州人最愛吃了，常用紫菜來做湯，加肉碎和酸梅，撒大量芫荽，很刺激胃口，又好喝又有碘質。

但是中國紫菜多含沙，非仔細清洗不可。我就一直不明白為什麼不在製作過程中去沙。人工高昂，賣得貴一點不就行嗎？我們製造成圓形的紫菜，日本人做的則是長方形，方便用來卷飯嘛。最初是把海苔鋪在凹進去的屋瓦底晒乾，你看日本人屋頂上用的磚瓦，大小不就是一片片的紫菜嗎？

　　本來最著名的紫菜是在東京附近的海灘採取的，在淺草製造，叫做「淺草海苔」。當今海水汙染，又填海，淺草變為觀光區。

　　海苔加工，放大量的醬酒和味精，切成一口一片的叫「味付海苔（Asitsuke Nori）」，小孩子最愛吃，但多吃無益，口渴得要死。

　　在高級的壽司店中，坐在櫃檯前，大廚會先獻上一撮海苔的刺身，最為新鮮美味，顏色也有綠的和紅的兩種。

　　天然的海苔最為珍貴，以前賣得很賤的東西現在不便宜。多數是養殖的，張張網，海苔很容易便生長，十二月至翌年一月之間寒冷期生長的海苔品質最優。

　　中國紫菜放久了也不溼，日本海苔一接觸到空氣就發軟。處理方法可以把它放在烤箱中烘一烘，但是最容易的還是放進洗乾淨的電鍋中乾烤。有些人還把一片片的海苔插進烤麵包爐中焙之，此法不通，多數燒焦。

苦瓜

苦瓜，是很受華人歡迎的蔬菜。年輕人不愛吃，愈老愈懂得欣賞。但人一老，頭腦僵化，甚迷信，覺得「苦」字不吉利，廣東人又稱之為「涼瓜」，取其性寒消暑解毒之意。

其種類很多，有的皮光滑帶凹凸，顏色也由淺綠至深綠，中間有子，熟時見紅色。

苦瓜吃法多不勝數，近來大家注意健康，認為生吃最有益，那麼榨汁來喝，愈苦愈新鮮。臺灣人種的苦瓜是白色的，叫成「白玉苦瓜」，榨後加點牛奶，大家都白色。街頭巷尾皆見小販賣這種飲料，像香港人喝橙汁那麼普遍。

廣東人則愛生炒，就那麼用油爆之，蒜頭也不必下了。有時加點豆豉，很奇怪的豆豉和苦瓜配合甚佳。牛肉炒苦瓜也是一道普遍的菜，店裡吃到的多是把牛肉泡得一點味道也沒有，不如自己炒。在街市的牛肉檔買一塊叫「封門柳」的部分，請小販為你切為薄片，油爆熱先兜一兜苦瓜，再下牛肉，見肉的顏色沒有血水，即刻起鍋，大功告成。

用苦瓜來炆別的東西，像排骨等也上乘。有時看到有大石斑的魚扣，可以買來炆之，魚頭魚尾皆能炆。比較特別的

是炆螃蟹，尤其是來自澳門的奄仔蟹。

日本人不會吃苦瓜，但受中華料理影響很大的沖繩島人就最愛吃。那裡的瓜種較小，外表長滿了又多又細的疙瘩，深綠色，樣子和中國苦瓜大致相同，但非常苦，沖繩島人把苦瓜切片後煎雞蛋，是家常菜。

最近一些所謂的新派餐廳，用話梅汁去生浸，甚受歡迎，皆因話梅用糖精醃製，凡是帶糖精的東西都可口，但多吃無益。

也有人創出一道叫「人生」的菜，先把苦瓜榨汁備用，然後浸蜆乾，酸薑角切碎，最後下大量胡椒，打雞蛋，加苦瓜片和汁蒸之，上桌的菜外表象普通的蒸蛋，一吃之下，甜酸苦辣皆全，故名之。

炒苦瓜，餐廳大師傅喜歡先在滾水中燙過再炒，苦味盡失。故有一道把苦瓜切片，一半過水，一半原封不動，一齊炒之，菜名叫做「苦瓜炒苦瓜」。

蘆筍

蘆筍賣得比其他蔬菜貴，是有原因的。

第一年和第二年種出來的蘆筍都不成形，要到第三年才像樣，可以拿去賣，但這種情形只能維持到第四、第五年，再種的又不行了，一塊地等於只有一半的收成。

中國大陸地廣，如今大量種植，蘆筍才便宜起來。從前簡直是蔬菜之王，並非每個家庭主婦都買得起。好在不知道從什麼地方傳來，說蘆筍有很高的營養成分，吃起來和魷魚一樣，產生很多膽固醇，所以華人社會中也不太敢去碰它，在菜市場中賣的，價錢還是公道。

大枝（粗壯）的蘆筍好吃，還是幼（細）的？我認為中型的最好，像一管老式的萬寶龍鋼筆那麼粗的不錯，但吃時要接近浪費地把根部去掉。

一般切段來炒肉類或海鮮，分量用得不多，怎麼吃也吃不出一個癮來，最好是一大把在滾水中灼一灼，加點上等的蠔油來吃，才不會對不起它。低階蠔油入口一嘴糨糊一口味精，有些還是用綠殼菜蛤代替生蠔呢。

蘆筍有種很獨特的味道，說是臭青嘛，上等蘆筍有陣幽香，細嚼後才感覺得出。提供一個辦法讓你試試，那就是生吃蘆筍了！只吃它最柔軟細膩的尖端，蘸一點醬油，就那樣送口，是天下美味之一。但絕對不能像吃刺身那樣下山葵芥菜，否則味道都給山葵搶去，不如吃青瓜。

在歐洲，如果自助餐中出現了罐頭的蘆筍，最早被人搶光，罐頭蘆筍的味道和新鮮的完全不同，古怪得很，口感又是軟綿綿的，有點恐怖，一般人是為了價錢而吃它。

罐頭蘆筍也分粗細，粗的才值錢，多種白色的，那是種植時把泥土翻開，讓它不露出來，照不到陽光，就變白了。但是罐頭蘆筍的白，多數是漂出來的。

被公認為天下最好的蘆筍長在巴黎附近的一個叫阿讓特伊（Argenteuil）的地區，長出來的又肥又大，能吃到新鮮的就感到幸福得不得了。通常在老饕店買到裝進玻璃瓶的，已心滿意足。但是這地區的蘆筍已在一九九〇年停產，你看到這個牌子的，已是別的地方種植的，別上當。

蓮藕

　　四季性的蓮藕，隨時在市場中找到，成為變化多端的食材。蓮藕日人稱之為「蓮根」，洋人叫做 Lotus Roots，其實與根無關，是蓮的莖。一節節，中間有空洞。

　　不溫不燥，蓮藕對身體最有益，池塘有蓮就有藕，產量多的地方，像西湖等地，過剩了還把蓮藕晒乾磨成粉，食時用滾水一沖，成糨糊狀，加點砂糖，非常清新美味，是種優雅的甜品。原始的吃法是生的，攪成汁亦可，和甘筍摻起來，是杯完美的雞尾汁。

　　將蓮藕去皮，切成長條或方塊，用糖和醋漬它一夜，翌日就可以當泡菜下酒。拿來紅燒豬肉最佳，蓮藕吸油，愈肥的肉愈好吃。有時和筍乾一起炆，筍韌藕脆，同樣入味，是上乘的佳餚。剁碎了和豬肉混在一起，煎成一塊塊肉餅，是中山人的拿手好菜。清炒也行，當成齋菜太寡了，用豬油去炒才發揮出味道來。吃時常拔出一條條細絲，藕斷絲連這句話就從這裡來的。

　　通常我們是橫切的，露出一個個洞來。這時先把頭尾切開，看洞的位置，將洞與洞之間再連著根的部分最粗，一節

節上去，愈來愈小，到最後那一節，翹了起來，像小孩子的雞雞，所以結婚的禮品中也有蓮藕，象徵吃了也會翹起來，多子多孫。

最後，別忘記廣東人最常煲的八爪魚乾蓮藕湯，兩種食材煲起來都是紫色，廣東人喝了叫好，外省人倪匡兄大喊曖昧到極點，不肯喝之。

豆角

豆角，北方人叫豇豆，閩南話叫菜豆仔，真名鮮有人知。英文名為 Yard Long Bean，長起來有一碼之故，又叫蘆筍豆 Asparagus Bean，但和蘆筍的身價差個十萬八千里。

其原產地應該是印度吧。最大的分別是淺綠色肥大的種，和深綠瘦小的，我也看過白皮甚至於紅皮的豆角。

豆角葉卵形，開蝶形花，有白、淡黃、紫藍和紫色數種顏色。它為蔓性植物，爬在架上，也有獨立生長的種。從樹幹上掛著一條條豆莢，瘦瘦長長，樣子沒有青瓜那麼漂亮，也不可愛。

豆角吃法顯然比青瓜少，味臭青，很少人生吃，除了泰國人，泰國菜中，用豆角沾著紫顏色的蝦醬，異味盡除。細嚼之下，還真的值得生吃的。那蝦醬要是舂了一隻桂花蟬進去，更香更惹味，但是醬的顏色和味道相當恐怖。

因為豆角裡面的果仁很小很細，不值得剝開來吃，我們都是把整條切段，再炒之罷了。

最普通的做法是把油爆熱，放點蒜蓉，然後將豆角炒個七成熟。上鍋蓋，讓它燜個一兩分鐘，不用鍋蓋的炒出來一定不入味。

　　和什麼一齊炒？變化倒是很多，豬肉碎最常用，放潮州人的橄欖菜去炒也行。把蝦米舂碎後炒，最惹味。

　　印度人拿去煮咖哩，乾的或溼的都很可口，這種做法傳到印尼和馬來西亞，加入椰漿去燜，更香。

　　最愛吃豆角的，莫過於菲律賓人，可能他們煮時下了糖的關係，炮製出來的豆角多數黑黑的，不像我們炒得綠油油那麼美觀。

　　雖然很少生吃，但是在滾水中拖一拖，也不失其爽脆和碧綠，用這方法處理後，就可以和青瓜一樣加糖加鹽加醋，做成很刺激胃口的泡菜。

　　豆角的營養成分很高，也不必一一說明，最宜給小孩子吃，可助牙齒和骨骼。西洋人不會吃豆角，故煮法少了很多，連日本人也不會吃，更少了。

蛋

人類最初接觸到植物以外的食材，也許是蛋吧？怕恐龍連自己也吃掉，只有偷它們的蛋；追不到鳥類，也只有搶它們的蛋。

蛋是天下人共同的食物，最普通，也最難燒得好。

在西班牙拍戲時，大家表演廚藝，成龍說他父母親都是高手，本人也不賴。請他煎一個蛋看看，油未熱，成龍就打蛋進去煎，當然蛋白很硬，不好吃，即刻露出馬腳。

喜歡做菜的人，應該從認識食材開始，我們今天要談的就是這一顆最平凡的蛋。

雞蛋分棕色或白色的兩種，別以為前者一定比後者好吃，其實一樣，雞的品種不同罷了。至於是農場蛋或是放養式的蛋，則由蛋殼的厚薄來分。雞農為了大量生產，每隔數小時開燈關燈來騙雞白晝和黑夜，讓它們多生幾個，殼就薄了，蛋也小了。

怎麼分辨是農場蛋或放養蛋呢？從外形不容易認出，但有一黃金規律：貴的蛋、大的蛋就是放養蛋。

一般情況下人們以為買了雞蛋放進冰箱，就可以儲存很久，這是錯的。

外殼一潮溼細菌便容易侵入，所以雞蛋應該儲存於室溫之中。從購入那天算起，超過十日，丟棄可也。

雞蛋的烹調法千變萬化，需要另一本字典一一說明。至於什麼是一顆完美的蛋，這要靠你自己掌握，每一個人的口味都是不同的。

先由煎蛋說起。油一定要熱，熱得冒出微煙，是時候下蛋。

你愛吃要蛋黃硬一點，就煎得久一點，否則相反處理，就這麼簡單，但是別人替你煎的蛋，永遠不是你最喜歡的蛋。所以就算你有幾位菲律賓家政助理，為了一個完美的蛋，你得下廚。記得廚藝不是什麼高科技，失敗了三次，一定學會；再不行，證明你是弱智，無藥可救。

我本人只愛吃蛋白，不喜歡蛋黃。年輕時想，如果娶一個老婆，只吃蛋黃，那麼就不會浪費了。豈知後來求到的，連蛋都不喜歡吃。天下很難有完美的事。

牛

這個題材實在太廣，牛的吃法千變萬化，除了印度人和佛教徒不吃牛，全世界都吃，成為人類最熟悉的一種肉類。

仁慈之意，出於老牛耕了一輩子的田，還要吃它，忍不忍心？但當今的牛多數是養的，什麼事都不必做，當它是豬好了，吃得心安理得。

老友小不點做臺灣牛肉麵最拿手，請她出來開店，她說生意愈好屠的牛愈多，不肯為之，一門手藝就要失傳，實在可惜。

最有味道、最柔軟、最夠油的當然是肥牛那個部分了。不是每隻牛都有的，名副其實地要肥的，拿來煮火鍋最適當，原汁原味嘛。要烹製的話，就是白灼了。

怎麼灼？用一鍋水，下黃薑末、「萬」字醬油，等水滾了，把切片的肥牛放進去，水的溫度即降，這時把肉撈起來。待水再滾，又把半生熟的肉放進去，熄火，就是一道完美的白灼肥牛了。

西洋人的牛排、韓國人的烤肉、日本人的鐵板燒，都是以牛為主。也不一定要現屠現吃。洋人還講究有乾式熟成

牛排（Dry Aged Steak）的炮製法，把牛肉掛在大型的冰箱中，等酵素把肉的纖維變化，更有肉味，更為柔軟。

所有肉類之中也只有牛肉最乾淨，有些牛排血淋淋，照吃可也。吃生的更是無妨，西餐中的韃靼牛肉，就是取最肥美的那部分剁碎生吃。韓國人的 Yukei 也是將生牛肉切絲上桌，加蜜糖梨絲來吃。

我見過一位法國友人做菜給兩個女兒，把一大塊生牛排放進攪拌機內，加大量的蒜頭，磨了出來就那麼吃，兩個女兒長得亭亭玉立，一點事也沒有。

被世界公認為最好吃的牛肉，當然是日本的「和牛」了。Wagyu 這個英文拼法也在歐美流行起來，非它不歡。但愛好普通牛肉的人認為「和牛」的肉味不夠，怎麼柔軟也沒用。

有個神話是「和牛」要喂啤酒和人工按摩才養得出的。我問過神戶養牛的人有沒有這一回事，他回答「有」，不過是「當電視攝影團隊來拍的時候」。

羊

問任何一個老饕，肉類之中最好吃的是什麼，答案一定是羊。

雞豬牛固然美味，但說到個性強的，沒什麼肉可以和羊比的。

很多人不喜歡羊肉的味道，說很羶。要吃羊肉也要做到一點羶味也沒有，那麼乾脆去吃雞好了。羊肉不羶，是缺點。

一生中吃過最好的羊肉，是在東歐。農人一早耕作，屠了一隻羊，放在鐵架器上，軸心的兩旁有個荷蘭式的風車，下面用稻草煨之。

風吹來，一面轉一面烤。等到日落，羊全熟，抬回去斬成一件件，一點調味也不必，就那麼抓了羊塊蘸點鹽入口。太過膩的時候，咬一口洋蔥，再咬一口羊。啊！天下美味。

整隻羊最好吃是哪一個部分？當然是羊腰旁邊的脂肪了。香到極致，吃了不羨仙。

在北京涮羊肉，並沒有半肥瘦這回事，盤中擺的盡是瘦肉。這時候可另叫一碟圈子，所謂「圈子」，就是全肥的羊

膏，夾一片肉，夾一片圈子來涮火鍋，就是最佳狀態的半肥瘦了。

　　新疆和中東一帶的烤羊肉串，印象中肉總是很硬，但也有柔軟的，要看羊的品質好不好。那邊的人當然下香料，不習慣的話吃起來有胳肋底的味道；愛上了非它不可，就像女朋友的體會，你不會介意的。

　　很常見的烤羊，是把肉切成圓形，一片肉一片肥，疊得像根柱子，一邊用瓦斯爐噴出火來燒。我在土耳其吃的，不用瓦斯，是一塊塊木炭橫列，只是圓形的一頭，火力才均勻夠猛，燒出來的肉特別香。

　　海南島上有東山羊，體積很小，說能爬上樹，我去了見到的，原來樹幹已打橫，誰都可以爬。但是在非洲的小羊，為了樹上的葉子，的確會抱著樹幹爬上去，這也是親眼看到的。這種羊烤來吃，肉特嫩，但香味不足。

　　肉味最重的是綿羊，羶得簡直衝鼻，用來煮咖哩，特別好吃。馬來人的沙嗲也愛用羊肉，切成細片再串起來燒的。雖然很好吃，我還是愛羊腸沙嗲，腸中有脂肪，是吃了永生不忘的味道。

雞

　　小時候家裡養的雞到處走，生了蛋還熱烘烘的時候，啄個洞生噬。客人來了，屠一隻，真是美味。

　　現在我已很少碰雞肉了，理由很簡單：沒以前那麼好吃，也絕對不是長大了胃口改變的問題，當今都是養殖的，味如嚼蠟。

　　西餐中的雞更是恐怖到極點，只吃雞胸肉，沒幻想空間。煎了炸了整隻吃還好，用手是允許的，凡是能飛的食材，都能用手，中餐中反而失儀態了。西餐中做得好的土雞，還是吃得過。法國人用一個小耳朵，下面鋪著洗乾淨的稻草，把抹了油和鹽的雞放在上面，上蓋，用未烤的麵包封口，焗它二十分鐘，就是一道簡單和原始的菜，好吃得不得了。將它變化，下面鋪甘蔗條，雞上撒龍井茶葉，用玉扣紙封蓋，也行。

　　在西班牙和韓國，大街小巷常有些鋪子賣烤雞，用個玻璃櫃電爐，一排十隻，十排左右，轉動來烤，香味撲鼻，明知道沒什麼吃頭，還是忍不住買下一隻。拿回去，第一、第二口很不錯，再吃下去就單調得要死。

　　四川人的炸雞丁最可觀，一大碟上桌，看不到雞，完全
給大量的辣椒乾蓋著，大紅大紫，撥開了，才有那麼一丁丁
的雞，叫做「炸雞丁」，很貼切。

　　外國人吃雞，喜歡用迷迭香（Rosemary）去配搭，我總
認為味道怪怪的，這是我不是在西方生長之故。我們的雞，
愛以薑蔥搭配。洋人也吃不慣，道理相同。

　　各有各的精彩，談起雞不能不提海南雞飯，這是南洋人
發揚光大的，在海南島反而吃不到像樣的。基本上這道菜源
自白切雞，將雞燙熟就是，把燙後的雞油湯再去煮飯，更有
味道了，黑漆漆的醬油是它的精髓。

　　日本人叫烤雞為燒鳥。燒鳥店中，最好吃的是烤雞皮，
又脆又香，和豬油渣異曲同工。

　　近年在珠江三角洲有很多餐廳賣各式各樣的走地雞，把
它們擱在一個玻璃房中，任君選擇。

鴨

為什麼把水陸兩棲的動物叫做「鴨」？大概是它們一直「鴨鴨」聲地叫自己的名字吧？

鴨子走路和游泳都很慢，又飛不高，很容易地被人類飼養成家禽。它的肉有陣強烈的香味或臭味，視乎你的喜惡，吃起來總比雞肉有個性得多。

北方最著名的吃法當然是北京烤鴨了。嫌它們不夠肥，還發明出「填」法飼養，實在殘忍。

烤鴨一般人只吃皮，皮固然好吃，但比不上乳豬。我吃烤鴨也愛吃肉，就那麼吃也行，用來炒韭黃很不錯。最後連叫做「殼子」的骨頭也拿去和白菜一齊熬湯。時間夠的話很香甜，但是熬湯時記得把鴨尾巴去掉，否則異味騷你三天，久久不散。

鴨尾巴藏了什麼東西呢？是兩種脂肪。你仔細看它們游泳就知道，羽毛浸溼了，鴨子就把頭鑽到尾巴裡取了一層油，再塗到身體其他部分，全身就發光，你說厲不厲害？

可是愛吃鴨屁股起來，會上癮的。我試過一次，從此不敢碰它。

南方吃鴨的方法當然是用來燒或滷，做法和鵝一樣。貴的吃鵝，便宜的吃鴨。鴨肉比鵝優勝的是它沒有季節性，一年從頭到尾都很柔軟，要是燒得好的話。

至於鴨蛋，和肉一樣，比雞的味道還要強烈，一般都不用來煮，但是醃皮蛋、鹹蛋都要用鴨蛋，雞蛋的話味不夠濃。

潮州的名菜蠔煎，也非用鴨蛋不可。

西餐中用鴨為材料的菜很多。法國人用油鹽浸鴨腿，蒸熟後再把皮煎至香脆，非常美味。義大利人也愛用橙皮來烹製鴨子，只有日本菜中少見，日本的超市或百貨公司中都難找到鴨，在動物園才看得到。

其實日本的關西一帶也吃的，不過多數是琵琶湖中的水鴨，切片來煮火鍋。到燒鳥店去也可以吃烤鴨串。

日本語中罵人的話不多，鴨叫做 Kamo，罵人家 Kamo，有「老襯」（傻瓜）的意思。

鵝

鵝，是將雁家禽化的鳥類。大起來，比小孩高，性凶，看到兒童穿著開襠褲，也會追著來啄。鄉下人也有養它們來看門的習俗。

比雞和鴨都聰明，鵝看到矮橋或低欄時，會把頸項縮起，俯著頭走過。也有人目睹牠們知道在附近有老鷹、飛翔著的野鵝群，每一隻都咬著一塊石頭，防止自己的本性嘈雜，喜歡「鵝鵝」地叫個不停。

最常見的是灰色鵝，也有野生的，養殖的多數是白色。

世界上也只有歐洲人和華人會吃鵝。但古埃及的壁畫上已有養鵝圖畫，當年已經學會填鵝，迫使它們的肝長大。

日本人不懂得，充其量也只會吃鴨子。至於鵝，只能在動物園裡看得到。我們吃鵝，最著名的製法是廣東人的燒和潮州人的滷。前者有時吃起來覺得肉很老很硬，這對專門賣鵝的餐廳很不公平，認為他們的水準不穩定。其實鵝肉一年之中，只有在清明和重陽前後的那段時間最嫩，其他時候吃，免不了有僵硬的口感。

　　潮州人知道這個毛病發生在燒上面，燒鵝只是皮好吃，不如滷將起來，不管年紀多大的鵝，都能滷得軟熟。

　　一般人有時連鴨和鵝都分辨不出，其實很簡單，看頭上有沒有腫起來的骨頭就知道了，鵝的身體，線條也較優美，鴨子很醜陋，兩者一比就分出輸贏，怪不得王羲之愛鵝不愛鴨。

　　吃鵝的話，除了滷水，香港的鏞記做得最好。他們燒起鵝來連木炭也講究，要求製出最完美的招牌菜。不過，更好吃的，是煙燻鵝。

　　在鏞記廚房，鵝的佳餚變化多端，可用鵝腦制凍，也用鵝肝做臘腸。

　　說到鵝，不能避免談鵝肝醬，法國人最拿手。但勸告各位要試的話，千萬要買最貴最好的。我最初就是沒那麼做，接觸到劣貨，覺得有陣腐屍味道，差點兒作嘔。後來都沒碰過它，直到在法國鄉村住下，試過最好的鵝肝醬才改觀，但已經白白浪費了數十年。

豬肚

家禽的胃部，華人通稱為「肚」。那個「胃」字聯想到反胃和倒胃，不用是有道理的。

豬肚只有華人吃，洋人和日本人是不去碰的。這與他們不會洗濯有關，傳統的方法極為複雜，當今已只是文字記載，真正實行的人不多，過程分「三洗三煮」：一個豬肚，先擦了鹽，沖乾淨，刮掉肚中的脂肪，再撒上生粉，然後在滾水中灼一灼，拿出來，把豬肚再刮再洗，又拋進滾水中煮個十五分鐘。撈出衝冷水，才輪到第三次在上湯中煲個一小時，大功告成。

就算不花那麼多功夫，豬肚的清潔還有一法，外層用鹽洗淨，然後伸手進肚內，將它反轉。不必下油，將鍋燒紅，把豬肚當手套，在鍋面上灼之，除去豬肚內層的薄膜。這麼一來，整個豬胃就乾乾淨淨了。

再不然，用最原始的辦法，洗後又洗，再洗之，只要勤力就是。

老潮州人還會做水灌豬肚，讓其肌肉纖維膨脹，大量的水灌得整個豬肚很厚，中間部分近於透明。此物拿來滾湯，才最爽脆，可惜此技已經失傳。

　　老一代的廣東人真會吃，先用四隻老母雞熬了湯，加銀杏，再把豬肚放進去煮，不會吃豬肚的洋人，要是嘗了此味，也即上癮。

　　及第粥少不了豬肚。豬肚燒賣，和豬肺燒賣同級，是懷舊點心。

　　將整隻雞塞進豬肚之中，熬數小時，是東莞菜之一。

　　潮州人也很會做豬肚，代表性的有他們的豬肚湯。抓了一大把原粒的胡椒放進肚內，用鹹酸菜和豬骨整個熬出來，上桌時才把豬肚煎開，切片，不但美味，還有暖胃的作用。豬雜湯中除了豬肺、豬腰、豬紅等配料，最主要的還是豬肚，用上述的灌水方式炮製，上桌前加珍珠花菜、用豬油爆香的乾蔥和蒜泥，是人間美味。

　　選購豬肚時，最重要的是看胃壁夠不夠厚，薄了便枯燥無味。有些人只選最厚那個部分片成薄片，稱為「豬肚尖」，最豪華不過了。

火腿

火腿，是鹽醃過後，再風乾的豬腿。英國人叫做 Ham，西班牙語 Jamon，法語 Iambon，義大利人則叫做 Prosciutto。

一般公認西班牙的火腿做得最好，而頂級的是 Jamon Iberico de Bellota，是用特種黑豬的後腿經二十四個月乾燥製成。外國人都以為火腿是片片來吃的，但是我住在巴塞隆納時，當地人吃的是切成骰子般大，並不片片。

義大利的 Prosciutto di Parma、法國的 Jambon de Bayonne 和英國的 Wiltshire Ham 聯合起來，把西班牙火腿摒開一邊，說他們的才是世界三大火腿。

但照我說，還是金華火腿最香，可惜不能像西洋的那麼生吃。金華火腿美極了，選腿中央最精美的部分，片片來吃，是天下美味，無可匹敵。在中環的「華生燒臘」可以買到，要找最老的師傅，才能片得夠薄。

我們在西餐店，點的生火腿伴蜜瓜，總稱為 Parma Ham，可見龐馬這個地區是多麼出名，買時要認定為「龐馬公爵」的火印，由政府的檢查官一枚枚烙上去。

　　龐馬火腿肉鮮紅，喜歡吃軟熟的人最適合，但真正香味濃郁的，是肉質深紅，又較有硬度的 Prosciutto di Parma，一切開整個餐廳都聞得到。我認為比較接近金華火腿，在外國做菜時常拿它來代替金華火腿煲湯，這種火腿從前還在帝苑酒店內的 Sabatini 吃得到，當今已不採用，剩下龐馬的了。

　　一般人以為生火腿只適合配蜜瓜，其實不然。我被義大利人請到鄉下做客，大餐桌擺在樹下。樹上有什麼水果成熟就伸手摘下來配火腿吃，絕對不執著。

　　生火腿要大量吃才過癮，像香港餐廳那麼來幾片，不如不吃。有一次去威尼斯，查先生和我們一共四人叫生火腿，侍者用銀盤捧出一大碟，以為四人份，原來是一客罷了，這才是真正義大利吃法。

　　惡作劇的話，可以在去火鍋店或涮羊肉舖子時，用生火腿鋪在碟上，和其他生肉碟混在一起，看到你不喜歡的八婆前來，用雙手抓生火腿猛吞入肚，一定把她嚇倒。

龍蝦

　　龍蝦種類甚多，大致上分有蝦鉗的或無蝦鉗的兩種。前者通稱為「美國龍蝦」，盛產於波士頓的緬因地區。香港捕捉的屬於後者，色綠帶鮮豔的斑點，肉質鮮美，是龍蝦中最高貴的。可惜已被捕得瀕臨絕種，當今市面上看到的多數由澳洲進口，外表也有些像本地龍蝦，但肉質粗糙，如果看到顏色全紅的，那也一定是澳洲蝦。日本人把龍蝦叫做「伊勢海老」，基本上和本地龍蝦同種。英文名 Lobster，法國人叫做 Homard，叫 Langouste 時，是指小龍蝦。

　　龍蝦已經被認為是海鮮中的皇族，吃龍蝦總有一份高級的感覺。美國人抓到了就往滾水中扔，鮮味大失。後來受到法國菜影響，才逐漸學會剖邊來烤，或用芝士焗，吃法當然沒中華料理那麼變化多端。

　　我們把燒大蝦的方法加在龍蝦身上，就可以做出白灼、炒球、鹽焗等菜來，但是最美味的，還是外國人不懂得的清蒸。

　　學會生吃之後，龍蝦刺身就變成高級料理了。也多得這種調理法，美國的和澳洲的，做起刺身來，和本地龍蝦相差

不大，不過甜味沒那麼重而已。能和本地龍蝦匹敵的，只有法國的小龍蝦，吃起刺身，更是甜美。

一經炒或蒸，本地龍蝦和外國種，就有天淵之別，後者又硬又僵，付了那麼貴的價錢，也不見得好吃過普通蝦。

華人廚藝之高超，絕非美國人能理解，他們抓到龍蝦後先去頭，其實龍蝦膏是很鮮美的，棄之可惜。而且他們就那麼煮，不懂得放尿的過程，其實在烹調之前，應用一根筷子從尾部插入，放掉腸汙，那麼煮起來才無異味。

清晨在菜市場買一尾兩斤重的本地龍蝦，用布包它的頭，取下。將頭斬為兩半，撒點鹽去燒烤，等到蝦膏發出香味，就可進食。把蝦殼剪開，肉切成薄片，扔入冰水中，就能做刺身來吃。肢和殼及連在殼邊的肉可拿去滾湯，下豆腐和大芥菜，清甜無比。

龍蝦，只有當早餐時吃，才顯出氣派；午餐或晚餐，理所當然，就覺平凡了。一早吃，來杯香檳，聽聽莫札特的音樂，人生享受，盡於此也。

蟹

世界上蟹的種類，超過五千種。

最普通的蟹，分肉蟹和膏蟹。前者產卵不多，後者長年生殖，都是青綠色的。

蟹又分淡水和海水。前者的代表，當然是大閘蟹了，後者是阿拉斯加蟹。

生病的蟹，身體發出高溫，把蟹膏逼到全身，甚至於腳尖端的肉也呈黃色，就是出了名的奶油蟹。別以為只有中國蟹才傷風，法國的睡蟹也生病，全身發黃。

最巨大的是日本的高腳蟹，拉住它雙邊的腳，可達七八尺。銅板般大的日本澤蟹，炸了之後一口吃掉，也不算小。最小的是蟹毛，毫米罷了。

澳洲的皇帝蟹，單單一隻蟹鉗也有兩三尺，肉質不佳，味淡，不甜。

從前的鹹淡水沒被汙染，蟹都可生吃，生醃大閘蟹很流行，當今已少人敢吃。日本的大蟹長於深海六百公尺，吃刺身沒問題。

華人迷信，蟹一死就開始腐爛，非吃活螃蟹不行；外國人卻吃死蟹，但多數也是一抓就煮熟後冷凍的。

小時母親做鹹蟹很拿手，買一隻肥大的膏蟹，洗淨，剝殼，去內臟，用刀背把蟹鉗拍扁，就拿去浸一半醬油、一半鹽水，加大量的蒜頭。

早上浸，到傍晚就可以吃了。上桌前撒上花生末，淋些白醋，是天下的美味。

別怕劏螃蟹，其實很簡單，首要的是記住別殘忍，在它的第三與第四對腳的空隙處，用一根筷子一插，穿心，蟹即死，死得快，死得安樂，這時你才把綁住蟹的草繩鬆開也不遲。

洗淨後斬件，鍋中加水，等沸，架著一雙筷子，把整碟蟹放在上面，上蓋，蒸十分鐘即成。家裡的火爐不猛的話，繼續蒸，蒸到熟為止，螃蟹過火也不要緊。

另有一法，一定成功，是用張錫紙鋪在鍋中，等鍋燒紅，整隻蟹不必剁，就那麼放進去，蟹殼向下，撒大量的粗鹽，撒到蓋住蟹為止，上蓋焗。

怎知道熟了沒有？很容易，聞到一陣陣的濃香，就熟了，剝殼，用布抹穢，就能吃了。吃時最好淋點剛炸好的豬油，是仙人的食物。

蠔

蠔，不用多介紹了，人人都懂，先談談吃法。

華人做蠔煎，和鴨蛋一塊炮製，點以魚露，是道名菜，但用的蠔不能太大，拇指頭節般大小最適宜。不能瘦，愈肥愈好。

較小的蠔可以用來做蠔仔粥，也鮮甜得不得了。

日本人多把蠔裹了麵粉炸來吃，但生蠔止於煎，一炸就有點暴殄天物的感覺，鮮味流失了很多。他們也愛把蠔當成火鍋的主要食材，加上一大湯匙的味噌醬，雖然可口，但多吃生膩，不是好辦法。

煮成蠔油儲存，大量生產的味道並不特別，有點像味精膏，某些商人還用綠殼菜蛤來代替生蠔，製成假蠔油，更不可饒恕了。

真正的蠔油不加粉，只將蠔汁煮得濃郁罷了。當今難以買到，嘗過之後才知道它的鮮味很有層次，味精也不下，和一般的不同。

吃蠔，怎麼烹調都好，絕對比不上生吃。

　　最好的生蠔不是人工繁殖的，所以殼很厚，厚得像一塊岩石，一隻至少有十來斤重，除了漁民，很少人能嘗到。

　　一般的生蠔，多數是一邊殼凸出來，一邊殼凹進去，種類數之不清，已差不多都是養的了。

　　肉質先不提它，講究海水有沒有受過汙染，這種情形之下，紐西蘭的生蠔最為上等，澳洲次之，把法國、英國和美國的比了下去。日本生蠔尚可，香港流浮山的已經沒人敢吃了。

　　說到肉的鮮美，當然首選法國的貝隆 Belon。它生長在有時巨浪滔天有時平滑如鏡的布列塔尼海岸。樣子和一般的不同，是圓形的，從殼的外表看來一圈圈，每年有兩季的成長期，留下有如樹木年輪般痕跡，每兩輪代表一年，可以算出這個蠔生長了多久。

　　貝隆生蠔產量已少，在真正淡鹹水交界的貝隆河口的，是少之更少了，有機會，應該一試。

　　一般人吃生蠔時滴塔巴斯哥辣醬（Tabasco）或點辣椒醬，再擠檸檬汁淋上，這種吃法破壞了生蠔的原味，當然最好是隻吃蠔中的海水為配料，所以上等的生蠔一定有海水保留在殼裡，不乾淨不行。

魷魚

魷魚，也叫「烏賊」。英文的 Squid 和 Cuttlefish 都指魷魚，日文為 Ika、西班牙人叫做 Calamail、義大利名之 Calamaro，在歐洲旅行看菜單時習用。

全世界的年產有一百二十萬至一百四十萬噸那麼多，魷魚是最平價的一種海鮮，吃法千變萬化。

從日本人的生吃—以熟練的刀工切為細絲，畫素面，故稱之為 Ika Someh，到華人的煮炒，也靠刀工。剝了那層皮，去體中軟骨和頭鬚，再將它交叉橫切，刀刀不折，炒出美麗的花紋。這並不難，廚藝嘛，不是什麼高科技，失敗了幾次就學會。做起菜來，比什麼功夫都不花好得多，你說是不是？

魷魚的種類一共有五百多種，其中烹呼叫的只限於十五到二十種罷了。

我認為最好吃又最軟熟的魷魚是拇指般大的那一種，要看新鮮不新鮮，在魚檔中用手指刮一刮它的身體，即刻起變化，成為一條黑線的，一定新鮮。不過不能在不相熟的魚檔做此事，否則被罵。

把這種魷魚拔鬚及軟骨之後洗淨備用，用豬肉加馬蹄剁碎，調味，再塞入魷魚之中，最後用一枝芹菜插入須頭，牢牢釘進魚之中。放在碟上，撒上夜香花和薑絲，蒸八分鐘即成，是一道又漂亮又美味的菜。

義大利人拿來切圈，沾麵粉去炸，這時不叫 Calamaro，而叫 Frittura Mista 了。其他國家的魷魚這種做法沒什麼吃頭，但在地中海抓到的品種極為鮮甜，又很香，拌起意粉來味道也的確不同。

日本人把飯塞進大隻的魷魚，切開來當飯糰吃，味道平凡。有種把鬚塞肚，再用醬油和糖醋去煮的做法，叫「鐵炮燒」。但最家常的還是把生魷魚用鹽泡漬，又鹹又腥，很能下飯，叫做「鹽辛」，也稱之為「酒盜」，吃了鹹到要偷酒來喝。

有次跟日本人半夜出海，捕捉會發光的小魷魚，叫「螢烏賊」。網了起來，魷魚還會叫，說了你也不相信。抓到的螢烏賊洗也不洗，就那麼弄進一缸醬油裡面，又叫又跳。這邊廂，煮了一小耳朵飯，等熱騰騰香噴噴的日本米熟了，撈八九隻螢烏賊入碗，拌一拌，就那麼在漁船中吃將起來，天下美味。

鮑魚

最珍貴的鮑參翅肚，鮑魚占了第一位，可見是海味中天下第一吧。

乾鮑以頭計，一斤多少個，就是多少頭。兩頭鮑魚，當今可以登上拍賣行，有錢也不一定找得到。

鮑魚從小到大，有一百種以上。吃海藻，長得很慢，四五年才成形。要大到七八寸長的，需數十年。

殼中有三四個孔，才稱鮑魚，有七八個孔的小鮑，有人稱之為「床伏（Tukodushi）」或「流子（Nagareko）」，九個洞的，臺灣人叫九孔。

大師級煮乾鮑，下蠔油。我一看就怕，鮑魚本身已很鮮，還下蠔油幹什麼？依傳統的做法，浸個幾天，洗掃乾淨。用一隻老母雞、一大塊火腿和幾隻乳豬腳炆之，炆到湯乾了，即上桌，沒有發好之後現場煮的道理。

乾鮑來自日本的品質最好，這沒話說。澳洲、南非都出鮑魚，不行就不行。

別以為貴就當禮品。日本人結婚時最忌送鮑魚，因為它只有紫邊殼，有單戀的意思，不吉利的，但可送一種叫「熨

斗鮑魚」的,是將它蒸熟後,像削蘋果皮般團團片薄,再晒乾。吃時浸水還原,當今已難見到。

新鮮的鮑魚,生吃最好,但要靠切工,切得不好很硬。最高級的壽司店只取頂上圓圓的那部分,取出鮑魚肝,擠汁淋上。吃完之後剩下的膽汁,加燙熱的清酒,再喝之,老饕才懂。

韓國海女撈上鮑魚後,用鐵棒打長成條,叉上後在火上烤,再淋醬油,天下美味也。

澳洲鮑肉質低劣,只可生吃,或片成薄片,用一火爐上桌,灼之,亦鮮味,但也全靠片工,機器切的就沒味道。

最原始的吃法是將整個活生生的鮑魚放在鐵網上燒,見它還蠕動,非常殘忍,此種吃法故稱「殘忍燒」。

吃鮑魚,我最喜歡吃罐頭的,又軟又香,但非墨西哥的「車輪牌」鮑不可,非洲或澳洲的罐頭一點也不好吃。買車輪牌也有點學問,要看罐頭底的凸字,印有 PNZ 的才夠大。

鮑魚有條綠油油的肝,最滋陰補腎,我們不慣吃,日本人當刺身,吃整個鮑魚如果沒有了肝,就不付錢了。

鱖魚

鱖魚應該是中國獨有魚類，生於江河湖泊之中，又名桂魚、香花魚。

身上帶的花紋，很明顯的是雄的，稍晦者為雌。背上有身髻刺。初刺到的人，可用橄欖撞磨來治之，這是《本草綱目》中說的，信不信由你。

野生的鱖魚，應該非常鮮美，陸游也有詩讚之：「船頭一本書，船後一壺酒。新釣紫鱖魚，旋洗白蓮藕。」

清代，鱖魚是紹興的八大貢品之一，說道：「時值秋令鱖魚肥，肩挑網筋入京畿。」

鱖魚少骨，一向被視為宴席上的珍品，紹興傳統名菜清蒸鱖魚為代表作，配以火腿、筍片、香菇、薑、紹酒、雞油、鮮湯來蒸。還有松鼠鱖魚，亦名震中外。

一般雄鱖魚一年就長大，雌的要兩年。一年中能多次產卵，每次數量到幾十萬粒，包著油球，隨水漂浮而孵化，舊時產量極多，當今河水汙染，幾乎絕種。

目前在市面上看到的鱖魚，都是人工養殖的，肉質粗糙，一點味道也沒有，變成最不好吃的魚了。

養殖的，只能用濃味去炮製，像下大量的黑麵醬或豆豉。也有大廚以南洋的辛辣香料去煮去炸，不這麼做，根本吃不下去。

有人說鱖魚態美，可作觀賞魚。灰黑色的身體和花紋，體高側扁，背部隆起，口大下顎突出，這個說法不能成立。它的性格也非常凶猛，從幼魚起，逢魚必殺，水草是不吃的。獵食方式是從別的魚的尾部咬起，慢慢嚼噬，絕不會像其他魚一口吞之那麼仁慈。

養殖鱖魚，普通的飼料是引不起它的興趣的，一定要將垂死的魚餵之，不動的，鱖魚也不吃。以魚餵魚，經濟效益不高，養出來的魚價賤，不知道這單生意是怎麼做的。

鱖魚亦有「淡水石斑」的美譽，但是都是沒什麼機會吃到海鮮的人所說的，二者根本不能相比。也許，當今的石斑也是養的，故類似。

高級海鮮餐廳中，鱖魚是不會出現的，只常用於普通食肆，香港人喜歡吃活魚，稱之為「游水魚」，而養殖好魚的唯一價值，是它不容易死，能夠游水罷了。

黃魚

黃魚亦叫「黃花」，分大黃魚和小黃魚。和其他魚類不同的是，它的頭腦裡有兩顆潔白的石狀粒子，用來平衡游泳，所以日本人稱之為「石持（Ishimochi）」，英國名為 White Croaker，可見不是所有黃魚都是黃色。

據老上海人說，在二十世紀五十年代每年五月黃魚盛產時，整個海邊都被染成金黃。吃不完只好醃製。韓國也有這種情況，小販把黃魚晒乾後用草繩吊起，綁在身上到處銷售，為一活動攤位，此種現象我二十世紀六十年代末期還在漢城（今首爾）街頭看過，當今已絕跡。

生態環境的破壞，加上過量的捕捉，黃魚產量急遽下降，現在市面上看到的多數是養殖的，一點味道也沒有。真正的黃魚又甜又鮮，肉質不柔也不硬，恰到好處，價錢已達至高，不是一般年輕人能享受到的。

著名的滬菜之中，有黃魚兩吃，尺半大的黃魚，肉紅燒，頭尾和骨頭拿來和雪裡紅一起滾湯，鮮美無比。更大一點的黃魚，可三吃，加多一味起肉油炸。

北方菜中的大湯黃魚很特別，肚腩部分熬湯，加點白醋，魚本身很鮮甜，又帶點酸，非常惹味，同時吃肚腩中又滑又膠的內臟，非常可口。

杭州菜中有道煙燻黃魚，上桌一看，以為過程非常複雜，其實做法很簡單，把黃魚洗淨，中間一刀剖開，在湯中煮熟後，拿個架子放在鐵鍋中，下面放白米和蔗糖。魚盛碟放入，上蓋，加熱。看到鍋邊冒出黃煙時，表示已經燻熟，即成。此菜天香樓做得最好。

一般的小黃魚，手掌般大，當今可以在餐廳中叫到，多數是以椒鹽炮製。所謂「椒鹽」，是炸的美名，油炸後沾點椒鹽吃罷了。見小朋友們吃得津津有味，大讚黃魚的鮮美，老滬人看了搖頭，不屑地說：「小黃魚根本和大黃魚不同種，不能叫黃魚，只能稱之為『梅魚』。」

黃魚的舊名為石首，《兩航雜錄》中記：「諸魚有血，石首獨無，僧人謂之菩薩魚，有齋食而啖之者。」和尚有此藉口，是否可以大開殺戒，不得而知。

我們捕到河豚丟掉，日本人不愛吃黃魚，傳說漁船在公海中互相交換，亦為美談也。

河鰻

我們一直對鰻魚和鱔魚搞不清楚，以為前者是大隻的，後者為小條，但是六七尺長的巨鰻，廣東人則稱為「花錦鱔」，外國人則通稱為 Eel，比較簡單。

先談談河鰻吧，通常是灰白色，兩三尺長。認定牠們一定長在淡水之中，其實也不然，鰻科的魚，多數是在海中產卵，遊入湖泊和溪澗生長，再回到大海中。

鰻魚的生命力極強，就算把它的頭砍斷，照樣活動，家庭主婦難於處理，還是請小販們宰算了。

買回家後，舊時候從爐中抓出一把灰去擦，這一來鰻魚就不會滑溜溜的，像廣東話中說的「潺」了。當今的家庭哪來的炭？用一把鹽代替吧，不然把手浸在醋裡也可以抓得牢。

鰻魚的做法數之無窮，一般人放一把杞子在清水中，下一條大鱔魚，清燉個個把小時，即能成為一鍋又香又濃的湯來，什麼調味品都不必加，肉可食之，湯又極甜，天下美味。

　　潮州人的盤龍白鱔，是把鰻魚斬件，但是背脊部分還讓它連住，包以鹹酸菜的葉子，下面鋪了荷葉蒸出來，鰻魚團團轉，扮相極佳，味道又好。

　　鰻魚很肥，脂肪要占體重的百分之十三左右，所以皮的部分最好吃，也最為珍貴。巨大的花錦鱔，不可多得，生活在橋的基石邊，抓到了就打鑼打鼓，任鄉親們各分一份。

　　店裡賣的花錦鱔就不是免費了，要「認頭」，那就是只有客人訂購了鱔頭才賣的。頭最貴，身體的部分斬成一塊塊，便宜得多。做法是油炸後再炆，一個頭就是一小耳朵，最後剩下的汁用生菜來煨。

　　一般日本人是不吃魚皮的，除了鰻，他們最著名的「蒲燒（Kabayaki）」就是最講究吃皮，愈肥愈厚愈好。因含大量的維生素 A，日本人認為夏天吃鰻，這一年的身體才夠強壯，每年到了夏天舉行「醜之日」來慶祝。鰻魚的肝和腸也好吃，燒烤和做湯都行。

　　外國人也吃鰻，英國下層社會的「國食」，就是他們的鰻魚凍 Jelhsd Eel。德國人有種魚湯 Aaluppe，都是名菜。北歐人還有鰻魚釀入麵包的做法，稱之為 Paling Broodies。

大豆

許多加有「番」或「洋」字頭的食材，都是外國種，像番茄、蕃薯、洋蔥及西洋菜等。百分之百的中國品種，是大豆，這是公認的。

大豆的原型，就是我們常在日本料理中下啤酒的「枝豆」。一個莢中有兩三粒，碧綠的，晒乾了就變成我們常見的大豆了。

莖根直，葉子菱形，莖間長出小枝，有很細的毛，到了初秋就開花，可真漂亮，有白色、紫色和淡紅的，花謝後便結成莢，可以收成了。

用大豆磨製粉當食材並不多，榨油是特色，磨成豆漿之後的用途更廣，豆腐、豆干、豆豆腐皮等皆是。醬油以大豆為原料，日本的納豆也是大豆發酵品，味噌的麵醬，無大豆不成，許多齋菜都由大豆製成品當原料，可稱為素肉也。

大豆有多種顏色，晒乾了變黃就稱為黃豆，呈黑便是黑豆了。

大豆主要成分為蛋白質和脂肪，脂質有降膽固醇的作用，也含有維生素 B_1 和 E，煮熟後產生很鮮甜的味道，所以我們常用大豆來熬湯。

　　客家人的釀豆腐，湯底一定用大量的大豆，熬出來的湯又香又甜，還沒有喝進口已聞到濃厚的豆香，十分刺激食慾，湯喝進口，那股甜味絕無味精可比。對味精敏感的人，大豆是恩物。上桌時撒上蔥花，更美味。

　　自己做豆漿其實並不複雜，把大豆浸過夜，放入攪拌機內打碎，用塊乾淨的布隔住擠出漿來，加水煮熟後就可喝了。

　　一般在店裡喝到的豆漿不香也不濃，那是水勾得太多的緣故，我常向餐廳老闆建議，為什麼不用多一點豆，勾少一點的水？反正原料便宜，要是做得好喝，做出名堂來，生意滔滔，何樂不為？他們回答說煮一小耳朵豆漿時，要是不勾多些水，太濃了很容易煮焦。

　　事實如此，但也可以分開煮、細心煮呀！我們在家裡做豆漿就有這個好處，可以放大量的大豆炮製。

　　做法是攪拌後擠出來的原汁原味的豆漿，當時不勾水，加鮮奶進去，效果更好，試試看，絕對好喝。

紅豆

紅豆，又名赤小豆。原產於中國，傳到日本。在歐美罕見，英美人反而用日本名 Azuh Bean，又誤寫為 Adsuki，皆因洋人不會發「tsu」的音，其實應該是 Atsuki 才對。

給王維的詩「紅豆生南國，春來發幾枝。勸君多採擷，此物最相思」迷惑了，但彼豆非此豆。王維的紅豆，樹高數十尺，長有長莢，發的紅豆，殼硬，不能食。真正的紅豆叢生於稻田中，收割了稻，秋冬期再種紅豆。開黃色小花，很美。

排在大豆後面，紅豆很受歡迎，所含營養超過小麥、山米和粟米，澱粉質極高。自古以來華人都知道它有藥用，《本草綱目》的論述最為精闢，認為紅豆可散氣，令人心孔開，止小便數。其他記錄也有治腳氣、水腫、肝膿等作用。西醫也證實紅豆有皂鹼（Saponin），能解毒。

對民間生活來說，紅豆只是用來吃，不管那麼多的醫療。最普遍的就是磨糊，成為眾人所愛的紅豆沙，月餅中不可缺少的材料，包湯圓也非它不可。煮成紅豆湯，更是最簡單的甜品。

一碗平凡的紅豆湯，要把烹調過程掌握好，才會美味：手抓一把紅豆，可煲兩三碗的。洗淨後在水中泡二十分鐘左右，半小時亦無妨。水滾了放紅豆入鍋，猛火煮五分鐘，再放進砂鍋中，中火燜上一小時，完成後再下糖。

從前的人少接觸到糖，一做紅豆沙，非甜死人不可。當今已逐漸減少，有些人還用葡萄糖和代糖，但失原味。

日本人把紅豆當為吉祥物，混入米中，煮出赤飯來，在過年的時候也煲小豆粥來吃。他們的紅豆沙，至今還是按照古法，做得很甜。

用大量的糖，配合糯米糰煮出來紅豆，叫「夫婦善哉」，甜蜜得很。

在日本，紅豆的規格很嚴謹，直徑四點八毫米以上的，才可以叫「大納言小豆」，其他的只稱之為「普通小豆」，北海道十勝地區的種最好。

有一種比普通紅豆大幾倍的，叫「大正金時」，其實它不是大型紅豆，是屬於穩元豆類，不可混淆。

蕃薯

名副其實。蕃薯是由「番」邦而來，本來並非中國東西。因為粗生，向來我們認為它很賤，並不重視。

和蕃薯有關的都不是什麼好東西，廣東人甚至問到某某人時，回答說，哦，他賣蕃薯去了，就是翹了辮子，死去之意。

一點都不甜，吃得滿口糊的蕃薯，實在令人懊惱。以為下糖可以解決問題，豈知又遇到些口感黏黏液黐黐、又很硬的蕃薯，這時你真的會把它涉進死字去。

大概最令人怨恨的是天天吃，吃得無味，吃得腳腫。但一切與蕃薯無關，不能怪蕃薯，因為在這太平盛世，蕃薯已賣得不便宜，有時在餐廳看到甜品菜單上有蕃薯湯，大叫好耶，快來一碗。侍者奉上帳單，三十幾塊。

蕃薯，又名地瓜和番薯，外表差不多，裡面的肉有黃色的、紅色的，還有一種紫得發豔的，煲起糖水來，整鍋都是紫色的水。

這種紫色蕃薯偶爾在香港也能找到，但絕對不像加拿大的那麼甜、那麼紫，很多移民的香港人都說是由東方帶來的

種，忘記了它本身帶個「番」字，很有可能是當年的印第安人留下的恩物。

除了煲湯，最普通的吃法是用火來煨，這一道大工程，在家裡難得做得好，還是交給街邊小販去處理吧，北京尤其流行，賣的煨蕃薯真是甜到漏蜜，一點也不誇張。

煨蕃薯是用一個鐵桶，裡面放著燒紅的石頭，慢慢把它烘熟。這個方法傳到日本，至今在銀座街頭還有人賣，大叫燒薯，石頭燒著，酒吧女郎送客出來，叫冤大頭買一個給她們吃，盛惠兩千五百日元，合共一百多兩百港幣。

懷念的是福建人煮的蕃薯粥，當年稻米有限，把蕃薯扔進去補充，現在其他地方難得，臺灣還有很多，到處可以吃到。

最好吃的還有蕃薯的副產品，那就是蕃薯葉了。將它燙熟後淋上一匙凝固了的豬油，讓它慢慢在葉上融化，令葉子發出光輝和香味，是天下美味，目前已成為瀕臨絕種的菜之一了。

豆腐乳

豆腐乳的味道，只有歐洲的乳酪可以匹敵。

把豆腐切成小方塊，讓它發酵後加鹽，就能做出豆腐乳來，但是方法和經驗各異，製成品的水準也有天淵之別。

通常分為兩種，白顏色的和紅顏色的，後者甚為江浙人所嗜，稱之為「醬汁肉」，顏色來自紅米。前者也分辣的和不辣的兩種。

一塊好的豆腐乳，吃進去之前，先聞到一陣香味，口感像絲綢一樣細滑。

死鹹是大忌，鹽分應恰到好處。

凡是專門賣豆腐的店，一定有豆腐乳出售，產品型別多不勝數，在香港，出名的「廖開記」，水準比一般的高出甚多。

但是至今吃過最高級的，莫過於「鏞記」託人做的。老闆甘健成孝順，知父親愛豆腐乳，年歲高，不能吃得太鹹，找遍全城，只有一位老師傅能做到，每次只做數瓶，非常珍貴，能吃到是三生之幸。

　　劣等的豆腐乳，只能用來做菜了，加椒絲炒薤菜，非常惹味。

　　炆肉的話，則多用紅豆腐乳。紅豆腐乳也叫南乳，炒花生的稱為南乳花生。

　　豆腐乳還能醫治思鄉病，長年在外國居住，得到一瓶，感激流涕，看到友人用來塗麵包，認為是天下絕品。東北人也用來塗東西吃，塗的是饅頭。

　　據國內美食家白忠懋說，長沙人叫豆腐乳為貓乳，為什麼呢？腐和虎同音，但吃老虎是大忌諱，叫成同屬貓科的貓乳了。

　　紹興人叫豆腐乳為素扎肉，廣東人也把豆腐乳稱為沒骨燒鵝。

　　貴陽有種菜，名為啤酒鴨，是把鴨肉斬塊，加上豆瓣醬，泡辣椒、酸薑，和大量的白豆腐乳煮出來的。

　　當然，我們也沒忘記吃羊肉煲時，一定有碟豆腐乳醬來沾沾。

　　豆腐乳傳到了日本，但並不流行，只有九州一些鄉下人會做，但是傳到了沖繩，則變成了他們的大愛好。我們常說好吃的豆腐乳難做，鹽放太少會壞掉，太多了又死鹹，沖繩的豆腐乳則香而不鹹，實在是珍品，有機會買樽回來試試。

榨菜

　　有許多蔬菜都不是中國土生土長的，尤其是加了一個番字或洋字的，像番茄和洋蔥等。製作榨菜的青菜頭，又名包包菜、疙瘩菜、豬腦殼菜和草腰子，是一正牌的中華料理。

　　青菜頭產於四川，直到一九四二年才給了它一個拉丁學名 *Brassica Juncea Coss Var Tsatsai Mao*。最好的青菜頭產區面積不是很大，在重慶市豐都縣附近的兩百公里長江沿岸地帶，所收穫的青菜頭肉質肥美嫩脆，又少筋。

　　是誰發明榨菜的呢？有人說是道光年間的邱正富，有人說是光緒年間的邱壽安，但我相信是籍籍無名的老百姓於多年來的經驗累積的成果，功勞並不屬於任何一個人。

　　把青菜頭浸在鹽水裡，再放進壓製豆腐的木箱中榨除鹽水而成，故稱之為「榨菜」。過程中加辣椒粉炮製。

　　製作完成後放進陶甕中，可貯藏很久，運送到全國，甚至南洋，遠到歐美了。記得小時候看到的榨菜甕塑著青龍，簡直是藝術品，但商人看不起它，打破一洞，擺在店裡招徠。至今這個傳統尚在，榨菜甕口小，都是把甕打破的，不過當今的甕已不優美，碎了也不可惜。

　　肉吃得多了，食慾減退時，最好吃的只有榨菜。民國初期的風流人士用榨菜來送茶，當為時髦，其實榨菜也有解酒的作用，坐車暈船，慢慢咀嚼幾片榨菜，煩悶緩和。

　　榨菜味鮮美，滾湯後會引出糖分，有天然味精之稱。最普通的一道菜是榨菜肉絲湯，永遠受歡迎。

　　更簡單的有榨菜豆芽湯、榨菜番茄湯和榨菜豆腐湯。煲青紅蘿蔔湯時，加幾片榨菜，會產生更錯綜複雜的滋味。

　　蒸魚蒸肉時都可以鋪一些榨菜絲吊味。我包水餃的時候，把榨菜剁碎混入肉中，更有咬勁，也更刺激。

　　中國大陸榨菜較鹹，臺灣的偏甜。用後者，切成細條，再發開四五顆大江瑤柱，擠乾水和榨菜絲一齊爆香，蒜頭炒一炒，加點糖。冷卻後放入冰箱，久久不壞，想起就拿出來送粥，不然就那麼吃著送酒，一流。

泡菜

泡菜不單能送飯，下酒也是佳品。

嘗試過諸國泡菜，認為境界最高的還是韓國的金漬
（Kimchi）。

韓國人不可一日無此君，吃西餐中菜也要來一碟金漬，
越戰當年派去建築橋梁的韓國工兵，運輸機被打下，金漬罐
頭沒到貨，韓國工兵就此罷工。

金漬好吃是有原因的，是在韓國悠久的歷史與文化中產
生的食物。先選最肥大的白菜，加辣椒粉、魚腸、韭菜、蘿
蔔絲、松子等泡製而成。韓國家庭的平房屋頂上，至今還能
看到一罈罈金漬。韓國梨著名的香甜，將它的心和部分肉挖
出，把金漬塞入，再經炮製，為天下罕有的美味，這是朝鮮
人的做法，吃過的人不多。

除了泡白菜，他們還以蘿蔔、青瓜、豆芽、桑葉等為原
料。另一種特別好吃的是根狀的蔬菜，叫 Toraji 的，味道尤
其鮮美，高麗人什麼菜都泡，說也奇怪，想不起他們的泡菜
中有泡高麗菜的。

廣東人稱為椰菜的高麗菜，洋人也拿手炮製，但是他們

的飲食文化中泡菜並不占重要的位置，泡法也簡單，浸浸鹽
水就算數。中國北方人也用鹽水泡高麗菜，但加幾條紅辣
椒。做得好的是四川人。用豆瓣醬和糖醃高麗菜，有點像韓
國金漬，但沒有他們的酸味，可惜目前在四川館子吃的，多
數加了番茄汁，不夠辣，吃起來不過癮。

　　一般人的印象中，泡菜要花功夫，但事實並非如此，泡
個二十四小時已經足夠，日本人有個叫「一夜漬」的泡菜，
過夜便能吃。

　　日本泡菜中最常見的是醃得黃黃的蘿蔔乾，一看就知道
不是在吃泡菜而是吃染料。京都有種「千枚漬」，是把又圓
又大的蘿蔔切薄片炮製，像一千片那麼多，還可口。但是京
都人特別喜歡的用越瓜醃大量的糖的泡菜，甜得倒胃，就不
敢領教了。日本泡菜中最好吃的是一種叫 Betahra Tsuke 的，
把蘿蔔醃在酒糟之中，吃起來有一股幽甜，喝酒的人不喜歡
吃甜的東西，但是這種泡菜，酒鬼也鍾愛。

　　其實泡菜泡個半小時也行，把黃瓜、白菜或高麗菜切成
絲，放進熱鍋以中火炒之，泡醋、白葡萄酒，把菜盛在平盤
上冷卻，放個半小時便能吃。要是你連三十分鐘也沒有耐性
等，那有一個更簡單的製法，就是把小紅蔥頭、青瓜切成薄
片，加醋，加糖，如果喜歡吃辣的更加大量的辣椒絲，揉捏
一番，馬上吃。豪華一點，以檸檬汁代替醋，更香。這種泡

菜特別醒胃，可以連吞白飯三大碗。

秋天已至，是芥菜最肥美的時候。芥菜甘中帶甜，味道錯綜複雜，是炮製醃菜的最佳材料。潮州人的鹹菜，就是以芥菜心為原料。依潮州人炮製芥菜的傳統方法，再加以改良，以配合自己的胃口，就此產生了蔡家泡菜，吃過的人無不讚好，說不定在「抱抱茶」之後，我會將之製成產品出售，這是後話。好貨不怕公開，現在把「蔡家泡菜」的祕方敘述如下：

一、用一玻璃咖啡空罐，大型者較佳。

二、買三四個芥菜心，取其膽部，外層老葉不用。

三、水洗，風吹日晒或手擦，至水分乾掉。

四、切成一英寸長、半英寸寬的長方形。

五、放入一大籮中或小耳朵中，以鹽揉之。

六、隔個十五分鐘，若性急，不隔也可以。

七、擠乾芥菜給鹽弄出來的水分。

八、用礦泉水洗去鹽分，節省一點可以用冷凍水，但不可用水喉（水龍頭）水，生水有菌。

九、再次擠乾水分。

十、好了，到這個階段，把玻璃罐拿出來，先確定罐裡沒有水分或溼氣，然後把辣椒放在最底一層，半英寸左右，嗜辣者請用泰國指天椒。

十一、在辣椒的上面鋪上一層一英寸左右的芥菜。

十二、芥菜上面鋪上一層半英寸左右切片的大蒜。

十三、大蒜層上又鋪一層一英寸左右的芥菜。

十四、芥菜上鋪一層半英寸左右的糖。

十五、再鋪一英寸左右的芥菜，以此類推，根據罐的大小，層次不變。

十六、罐裝滿後，仍有空隙，買一瓶魚露倒入（目前香港已經沒有好魚露，剩下李成興廠制的尚可使用；泰國進口的，則以天秤牌較佳）。魚露只要加至罐的一半即可，不用加滿。

十七、浸個二十分鐘，這不管你性急不性急，二十分鐘一定要等的。

十八、把罐倒翻，罐底在上，再浸二十分鐘。

十九、把罐扶正，開啟罐蓋，即食。

二十、當然，味道隔夜更入味，泡完之後，若放入冰箱，可儲存甚久，但是這麼惹味的東西，即刻吃完，要是放上一兩個星期還吃不完，那表示製作失敗。

潮州泡菜中，還有橄欖菜、貢菜、豆醬浸生薑等，千變萬化。如果老婆煮的菜不好吃，那也不用責罵，每餐吃泡菜以表無聲抗議，多數會令她們有愧，廚藝跟著進步。

木耳

　　菇類多數會發出芬芳，但是黑色的或白色的木耳，一點香味也沒有，人們吃它，全因口感，那種爽脆，很難在菇菜和肉類中找到。

　　白木耳又叫銀耳。樣子像個繡球，煞是漂亮，通常是晒乾了賣，因為極有營養價值，所以可在藥材鋪中找到。如果要陳述它的好處，可是錄之不盡，什麼潤肺生津、滋陰補陽、健腎強精等皆是。不得忽略的是它含有大量的膠質，對皮膚有滋潤的作用，令其恢復彈性，減輕皺紋，是天下女人的恩物。

　　有錢的人當然可以去吃燕窩，但用科學去化驗，白木耳的營養成分並不比燕窩差到哪裡去，價錢倒有天淵之別。用白木耳來煲湯是一流的，弄幾塊排骨，加點蜜棗，就能煲出一鍋很濃很稠的湯來，但是要講究火候，否則會把白木耳煲得全部融掉。它也是齋菜中一種很重要的食材，煎炒蒸燉皆可，因為個性不強，和任何蔬菜或豆類都配合得極佳。

　　凡是模仿燕窩的菜餚，銀耳都能派上用場。洛陽有種流水宴席，其中一道菜是把蘿蔔切成細得不能再細的絲，再以

高湯燉出來，的確有點像燕窩。如果把銀耳也剁成碎片混進去，那麼口感更是像得十足。做成甜品時可用枸杞、雞蛋一起燉。將銀耳切得極碎，摻在魚膠粉中結成凍，也是夏日的恩物。

和白木耳一比，黑木耳的身價即刻降低，都要怪它的外表黑漆漆，但營養價值是一樣的。一個叫銀耳，黑木耳連鐵字都用不上，但也有個美名，稱之為「雲耳」，來自烏雲滿天吧？黑木耳吃起來和白木耳的口感不同，有很雄厚的滑潤黏液，它能將留在人體的雜物黐住排去，所以我們不必花那麼多錢去買排毒藥了，多吃便宜的黑木耳就是。

黑木耳是做上海烤麩的一種主要食材，有了它便像吃到肉，故有「素中之葷」之譽。日本關西人的拉麵，也把黑木耳切成絲鋪在面上，較昆布好吃。我們做起甜品，一半白木耳一半黑木耳，用冰糖燉之，美麗又美味。

蔥

在菜市場買了一斤芥藍，小販順手摺了一撮蔥給你。這是一個多麼親切和藹的優良傳統，其他賣家絕對看不到的現象。

我們小時候還爭論，到底是吃蔥的二分之一的那白色部分，還是三分之二那個綠的，有些人在洗菜時還把蔥尖拉斷扔掉，是不是浪費？

理論上，在家裡做菜，你喜歡吃白就吃白，綠就綠。但是到了餐廳，當然整條蔥都派上用場，不必講究，這道理和吃芽菜一樣，家庭主婦可以折斷頭和根，大排檔根本不管這麼多。大眾能吃的，一定美味。蔥最好是生吃，最多也只能燙一燙，過熟了失去那份辛辣和葷臭，就變成太監了。

早上在九龍城街市三樓的熟食檔吃東西，先從茶餐廳檔要一個碗，到麵檔去添大把蔥段，再去賣裹蒸粽處討一大碗黑漆漆的老抽，大功告成。

任何食物有這碗東西送，沒有一樣不好吃的，蔥就是那麼可愛。

　　給人家請鮑參翅肚，吃得生膩，最佳食物是清蒸老鼠斑、蘇眉，只吃醬油和蔥，淋在白飯上，這時的飯已不是飯，是一道上乘的佳餚了。

　　友人徐勝鶴兄也喜蔥，在他辦公室樓下的「東海」吃飯，就來一大碟蔥和蒸魚的醬油，他的旅行社叫「星港」，向侍者說來一碟星港蔥，即刻會意。請客時上此道菜，吃過之後無論哪一個國家的人，都拍案叫絕。

　　山東人的大蔥又粗又肥，白的那節是深深地長在泥土之中，故日本人稱之「根深蔥」，吃拉麵時少不了它。大蔥不容易枯爛，買一大把放在冰箱裡面可以儲存甚久，半夜肚子餓時來碗泡麵，把大蔥切成兩個五塊錢銅板那麼厚，加在面上，吃了不羨仙。

　　南洋人少見大蔥，稱之為「北蔥」。長輩林潤鎬先生每次在菜市場中看到大喜，立刻買回去油炸，炸得皮有點發焦，再用來炒肉或紅燜，說也奇怪，蔥像糖那麼甜。

　　最終還是要生吃。弄一塊包烤鴨的那種麵皮，再來一碟黑麵醬。吃時就把原型的那根大蔥點醬，包了皮雙手抓著就那麼大咬之，簡直像個原始人，但是山東人看了，一定愛死你，當你是老大。

芫荽

芫荽，俗名香菜。極有個性，強烈得很，味道不是人人能接受，尤其是沒吃過的日本人，一看到就要由餸菜中取出來。

英文名字叫 Coriander，時常和西洋芫荽（Parsley）混亂，還是叫 Cilantro 比較恰當。有時，用 Cilantro 歐洲人搞不清楚，要叫 Chinese Parsley 才買得到。Cilantro 來自希臘文 Koris，是臭蟲的意思。味道有多厲害！所以歐洲人吃不慣，除了葡萄牙。葡萄牙人從非洲引進這種飲食習慣，不覺臭，反而香。

其實吃芫荽的國家可多的是，埃及人建金字塔時已有用芫荽的記錄。印度人更喜愛，連芫荽的種子也拿去撈咖哩粉。在印度，芫荽極便宜，我有一次在邦加羅爾拍戲，到街市買菜煮給工作人員吃，芫荽一公斤才賣一塊港幣。

東南亞更不必說，泰國人幾乎無芫荽不歡，他們吃芫荽，連根吃的。

中華料理裡，拿芫荽當裝飾，實在對它不起。不過有些年輕人也討厭的。

　　芫荽入菜，款式千變萬化，最原始的是潮州人的吃法。早上煲粥前，先把芫荽洗乾淨，切段，然後以魚露泡之，等粥一滾好，即能拌著吃。太香太好味，連吃三大碗粥，面不改色。

　　北方人拿來和豆腐皮一齊拌冷盤，也能送酒。有時我把芫荽和江魚仔爆一爆，放進冰箱，一想到就拿出來吃。

　　泰國人的拌冷盤稱之為「Yum」，醃牛肉、醃粉絲、醃雞腳，和紅乾蔥片一樣重要的，就是芫荽了。

　　臺灣人的肉燥麵，湯中也下芫荽。想起來，好像所有的湯，什麼大血湯、大腸湯、貢丸湯、四神湯等，都要下。

　　芫荽和湯的確配合得極佳，下一撮芫荽固然美味，但喝了不過癮，乾脆用大把芫荽煲湯好了。廣東人的皮蛋瘦肉芫荽湯，的確一流。從前在賈炳達道上有家鋪子，老闆知道我喜歡，一看到我就跑進廚房，用大量的鯇魚片和芫荽隔火清燉，做出來的湯呈翡翠顏色，如水晶一樣透明。整盅喝完，宿醉一掃而空，天下極品也。

生薑

　　飯不香，食生薑。食慾不振無味時，生薑是最好的食材。生薑傳到歐美時多為藥用，洋人最多混入麵包中，或者製成餅乾，入饌的例子少，近年受亞洲烹調影響，也學會用薑汁去肉腥了。

　　到了夏天，菜市場中就能看到肥肥胖胖的子薑，外表白中透紅，像嬰兒的皮膚，美不勝收，可愛得能當插花的材料。把子薑切片了，就能和肉或魚來炒，尤其是有新鮮的魷魚上市時，在鍋中兜幾下就上桌，是一道不可抗拒的佳餚。

　　日本人把子薑切片，用醋醃製，來轉換口味，吃完一種魚生，再改吃貝類時，間中一定來片生薑清潔口腔，才能欣賞不同海鮮的原味。生薑叫做 Shyoga，壽司店中的術語則稱 Gari。

　　有一句諺語叫「薑還是老的辣」，可見老薑的厲害，它具有和胃止嘔、殺菌解毒、消腫活血的作用。醫生開方，有五成是用老薑的。又因為它能刺激皮膚的血液循環，搗碎了大量老薑放進浴缸中泡澡，比什麼美容美肌的藥物更有效，也較貴價的防皺化妝品便宜得多。

　　婦女坐月子的恩物，就是豬腳甜醋生薑了，但這道菜只有廣東人才會欣賞。廣東人還會做薑汁撞奶，在順德最出名了，不知道是哪一個人發明的。擠了薑汁，把熱牛奶倒進去，就能凝固成布丁一樣的甜品，但是切記要用水牛奶才行。

　　吃大閘蟹時也永遠有薑茶陪伴。加黑砂糖調味，做得好的薑茶，喝起來比什麼飲品皆佳。薑屬於「熱」，凡是一切華人認為「寒」的食品，都能以薑來中和。

　　薑的親戚叫做「黃薑」，是熱帶人們不可欠少的調味品。黃薑原流行於印度、印尼及馬來西亞。除了能染色，味道也與一般的薑不同，甚獨特。

　　炒飯也用薑，能暖胃，一般人不會炒，以為是把薑剁碎榨汁，用薑汁來炒，是大錯。薑汁炒飯，要用薑渣，才香。

花椒

花椒學名 *Zanthoxylum Bungeanum Maxim*，是華人常用的香料。

果皮暗紅，密生粒狀突出的腺點，像細斑，呈紋路，所以叫做「花椒」，與日本的山椒應屬同科。

幼葉也有同樣的香味，新鮮的花椒可以入食，與生胡椒粒一樣；乾燥後的原粒就那麼拿來調味。磨成粉，用起來方便。也能榨油，加入食物中。

自古以來，花椒和華人的飲食習慣脫不了關係，醃肉炆肉都缺少不了；胃口不好時，更需要它來刺激。

最巧妙的一道菜叫油潑花椒豆芽，先將綠豆芽在滾水中灼一灼，鍋燒紅加油，丟幾粒花椒進去爆香，再把豆芽扔進鍋，兜它一兜，加點調味品，即能上桌。吃起來清香淡雅，口感爽脆，是孔府開胃菜之一。

另一道最著名的川菜麻婆豆腐，也一定要用花辣粉或花椒油，和肉末一齊炒，或加了豆腐最後撒上也行。找不到花椒粉的話，可買日本出的山椒粉，功能一樣，他們是用來撒在烤鰻魚上面，鰻魚和山椒粉配搭最佳。日本人也愛用醬油

和糖把青花椒粒醃製，別的什麼菜都不吃，花椒粒味道濃又
夠刺激，一碗白飯就那麼輕易吞掉，健康得很。

花椒粗生，兩三年即可開花結果。樹幹上長著堅硬的
刺，可以用來做圍欄，總比鐵絲網優雅得多吧？

花椒油還可作為工業用途，是肥皂、膠漆、潤滑劑等的
原料。木質很硬，製作成手杖、雨傘柄和雕刻藝術品。當為
盆栽也行，葉綠果紅，非常漂亮。

花椒又有其他妙用，據說古人醫治耳蟲，是滴幾滴花椒
油入耳，蟲即自動跑出來。廚房裡的食物櫃中撒一把花椒
粒，螞蟻就不會來了。油炸東西時，油沸滾得厲害，放幾粒
進去降溫。衣櫃，沒有樟腦的話，放花椒也有薰衣草一樣的
作用。

香港人只會吃辣，不欣賞麻。花椒產生的麻痺口感，要
是能發掘的話，又是另一個飲食天地了。

胡椒

香料之中，胡椒應該是最重要的吧。名字有個「胡」字，當然並非中國原產。據研究，它生長於印度南部的森林中，為爬藤植物，寄生在其他樹上，當今的都是人工種植，熱帶地方皆生產，泰國、印尼和越南每年產量很大，把胡椒價格壓低到常人都有能力購買的程度。

中世紀時，發現了胡椒能消除肉類的異味，歐洲人爭奪，只有貴族才能享受得到。流傳了一串胡椒粒換一個城市的故事。當今泰國料理中用了大量的一串串胡椒來炒咖哩野豬肉，每次吃到都想起這個傳說。

黑胡椒和白胡椒怎麼區別呢？綠色的胡椒粒成熟之前，顏色變為鮮紅時摘下，發酵後晒乾，轉成黑色。通常是粗磨，味較強烈。

白胡椒是等到它完全熟透，在樹上晒乾後收成，去皮，磨成細粉。香味穩定，不易走散。

西洋餐菜上一定有鹽和胡椒粉，但用原粒入食的例子很少。中餐花樣就多了，尤其是潮州菜，用一個豬肚，洗淨，抓一把白胡椒粒塞進去，置於鍋中，猛火煮之，豬肚至半熟

時加適量的鹹酸菜，再滾到全熟為止。

豬肚原只上桌，在客人面前剪開，取出胡椒粒，切片後分別裝進碗中，再澆上熱騰騰的湯，美味至極。

南洋的肉骨茶，潮州做法並不加紅棗、當歸和冬蟲夏草等藥材，只用最簡單的胡椒粒和整個的大蒜燉之，湯的顏色透明，喝一口，暖至胃，最為道地。

黑椒牛排是西餐中最普通的做法，黑胡椒磨碎後並不直接撒在牛排上面，而是加入醬汁之中，最後淋的。

著名的南洋菜胡椒蟹用的也是黑胡椒，先用牛油炒香螃蟹，再一大把一大把地撒入黑胡椒，把螃蟹炒至乾，上桌。絕對不是先炸後炒的，否則胡椒味不入蟹肉。

生的綠胡椒，當今已被中廚採用，用來炒各種肉類。千萬別小看它，細嚼之下，胡椒粒爆開，口腔有種快感，起初不覺有什麼厲害，後來才知，辣得要抓著頭跳迪斯科。

我嘗試過把綠胡椒粒灼熱後做素菜，刺激性減低，人人都能欣賞。

油

開門七件事中的油，昔時應該指豬油吧。

當今被認為是罪魁禍首的東西，從前是人體不能缺乏的。洋人每天用牛油搽麵包，和我們吃豬油飯，是同一個道理。東方人學吃西餐，牛油一塊又一塊，一點也不怕；但聽到了豬油就喪膽，是很可笑的一件事。

在植物油還沒流行的時候，動物油是用來維持我們生命的。記得小時候家裡每個月都要一桶桶豬油寄出去，當今生活充裕，大家可別出賣豬油這位老朋友。

豬油是天下最香的食物，不管是北方蔥油拌麵，或南方的乾撈雲吞麵，沒有了豬油，就永遠吃不出好味道來。

花生油、粟米油、橄欖油等，雖說對健康好，但吃多了也不行。凡事只要適可而止，我們不必要帶著恐懼感進食，否則心理的毛病一定產生生理的病。

菜市場中已經沒有現成的豬油出售，要吃豬油只有自己炮製。我認為最好的還是豬腹那一大片，請小販替你裁個正方形的油片，然後切成半寸見方的小粒。細火炸之，炸到微焦，這時的豬油最香。副產品的豬油渣，也是完美了，過程

之中，不妨放幾片蝦餅進油鍋，炸出香脆的送酒菜來。

　　豬油渣攤凍後，就那麼吃也是天下美味，不然拿來做菜，也是一流的食材，像將之炒麵醬、炒豆芽、炒豆豉，比魚翅鮑魚更好吃。

　　別以為只有華人吃豬油渣，在墨西哥到處可以看到一張張炸好的豬皮，是他們的家常菜；法國的小酒吧中，也奉送豬油渣下酒。

　　但是有些菜，還是要採用牛油。像黑胡椒螃蟹，以牛油爆香，再加大量磨成粗粒的黑胡椒和大蒜，炒至金黃，即成。又如市面上看到新鮮的大蘑菇，亦可在平底鍋中下一片牛油，將蘑菇煎至自己喜歡的軟硬度，灑幾滴醬油上桌，用刀叉切開來吃，簡單又美味，很香甜。

　　至於橄欖油，則可買一棵肥大的椰菜，或稱高麗菜的，洗淨後切成幼（細）絲，下大量的胡椒、一點點鹽和一點點味精，最後淋上橄欖油拌之，就那麼生吃，比西洋沙拉更佳。

醬油

用醬油或原鹽調味，後者是一種本能，前者則已經是文化了。

華人的生活，離開不了醬油，它用黃豆加鹽發酵，製成的醪是豆的糊糊，日曬後榨出的液體，便是醬油了。

最淡的廣東人稱之為「生抽」，東南亞一帶則叫「醬青」。濃厚一點是「老抽」，外省人則一律以「醬油」稱之。更濃的壺底醬油，日本人叫做「溜（Tamari）」，是專門用來點刺身的。加澱粉之後成為蠔油般的，臺灣人叫「豆油膏」。廣東人有最濃、密度最稠的「珠油」，聽起來好像是豬油，叫人怕怕，其實是濃得可以一滴滴成珍珠狀得來。

怎麼買到一瓶好醬油？完全看你個人喜好而定，有的喜歡淡一點，有的愛吃濃厚些，更有人感覺帶甜的最美味。

一般的醬油，生抽的話「淘大」的已經不錯，要濃一點，珠江橋牌出的「草菇醬油」算是很上等的了。

求香味，「九龍醬園」的產品算很高級。我們每天用的醬油分量不多，貴一點也不應該斤斤計較。

　　燒起菜來，不得不知的是有些醬油滾熱了會變酸，用日本的醬油就不會出毛病。日本醬油加上日本清酒烹調肉類，味道極佳。

　　老抽有時是用來調色，一碟烤麩，用生抽便引不起食慾，非老抽不可。

　　臺灣人的豆油膏，最適宜點白灼的豬內臟。如果你遇上很糟糕的點心，叫夥計從廚房中拿一些珠油來點，再難吃的也變為好吃的了。

　　去歐美最好是帶一盒旅行用的醬油，萬字牌出品的特選丸大豆醬油，長條裝，每包五毫升，日本高級食品店有售。帶了它，早餐在炒蛋時淋上一兩包，味道好得不得了，乘郵輪時更覺得它是恩物。

　　小時候吃飯，餐桌上傳來一陣陣醬油香味，現在大量生產，已久未聞到，我一直找尋此種失去的味覺，至今難覓，曾經買過一本叫《如何製造醬油》的書，我想總有一天自己做，才能達到願望。是時，我一定把那種美味的醬油拿來當湯喝。

醋

自古以來，人類最早用的調味品，除了鹽，就是醋了。

醋由釀酒時變壞而成，在還沒有被發明之前，用的是柑橘或酸梅來刺激胃口。醋中含有的蘋果酸，對人體並非有什麼幫助。我們吃醋，是因它製造大量的唾液和胃液，能夠中和食油的肥膩，產生一種清涼感，是我們的身體在無意識中需要的。

軟骨功的民間技藝，把孩子從小浸在醋裡，是很殘忍的事。傳說中，如果吞到魚骨，也要喝醋來軟化，這倒不是真的，吞一團白飯較為實在，嚴重起來最好找醫生拔掉。

醋的吃法數之不盡，先從分類開始。醋有白醋、黑醋、紅醋、蘋果醋、梅醋、橙醋之分，最為稀奇的，還可以用柿子製醋，總之五穀或蔬菜果實，發酵之後皆能成醋。

除了點菜，醋還能喝。鎮江醋在中國最為聞名，鎮江人人喝之，比嗜酒更厲害。我們當今流行喝的是果實醋，當為健康飲料，其實古人早就懂得這種醫療效果。

做起菜來，南方人最常用它來煮糖醋薑，加豬腳和雞蛋，是產婦必食的，也受一般人歡迎，已變成飲茶的點心之

一種，它愈煮愈出味，雞蛋愈硬愈香。飛機餐要加熱，新鮮的菜加熱了就不好吃，為什麼不考慮這一道呢？小量的醋，並不影響食物的味道，還能保鮮並增加食慾，壽司的飯糰，就非加白醋不可，點了醬油，就吃不出酸味來。

義大利人更缺少不了醋，餐桌上一定擺著一瓶。他們講究有年分的醋，愈久愈濃。十二年的醋本來有七十升，最後蒸發成三升。就那麼點麵包吃，他們認為已是天下美味。

杭州的西湖醋魚、福建的糖醋豬腰等名菜，非醋不可。廣東人除了潮州一帶能接受白醋，都愛用紅醋，餐廳茶樓供應的全是紅醋。紅醋很怪，如果你點了東西吃，又喝幾口綠茶之後，整條舌頭變成黑色，不相信你下次試試看就知道了。

山楂

山楂，拉丁學名為 *Crataegus Pinnatifida Bunge*，沒有俗名，可見不是與西洋人共同喜歡的食物，別名有焦山楂、山楂炭、仙楂、山查、山爐、紅裡和山裡紅。

山楂可以長高至三十尺。春天開五瓣的白花，雌雄同體，由昆蟲受精後長出魚丸般大的果實，粉紅至鮮紅。秋天成熟，收穫後三四天果肉變軟，發出芳香。新鮮的山楂果在東方罕見，看到的多數是已經切片後晒成乾的。

一顆顆的紅色山楂果實，可以生吃，但酸性重，頑童嘗了一口即吐出來，大人則在外層加糖，變成了一串串糖葫蘆。

到南美或有些歐洲國家旅行，有些樹上長的，像迷你型的蘋果，很多人不知道，其實也屬於山楂的一類，通稱「墨西哥山楂」，英文名字為 Hawthorn，味甚酸，當地人也喜歡用糖來煮成果醬的。營養很高，一百克的山楂之中，含有九十四毫克的鈣、三十三毫克的磷和二毫克的鐵。富有維生素 C，比蘋果要高出四五倍來。

凡是有酸性的東西，中醫都說成健脾開胃、消食化滯、活血化痰等，更有醫治瀉痢、腰痛疝氣等功能。

最實在的用途，是聽老人家的教導：在炊老雞、牛腿等硬邦邦的肉塊時，抓一把山楂片放進鍋中，肉很快就軟熟，此法可以試試看，非常靈驗。

最普通接觸到的，當然是山楂膏或山楂片了，喝完了苦澀的中藥，抓藥的人總會送你一些山楂片，甜甜酸酸，非常好吃，也吃不壞人，當成零食，更是一流。

因為酸性可以促進脂肪的分解，山楂當今已抬頭，變成纖體健康食品。

臺灣人發明了一種叫「山楂洛神茶」的，用山楂、洛神花、菊花、普洱茶來炮製，說成是最有減肥作用的飲品。

如果要有效地清除壞的膽固醇，用山楂花和葉子來煎服用亦行。

山楂涼凍是用大菜來煲山楂，加冰糖或蜜糖，煮成褐色透明的液體，有時還會加幾粒紅色的杞子來點綴，結成凍後切片上桌，又好吃又美觀。

而和日常生活最有關聯的就是山楂汁了。做法最為簡單：抓一把山楂片，用水滾過半小時，最後才下黃糖即成。味淡冷凍來喝，過濃加冰。

為什麼有些地方的山楂汁更好喝呢？用料就得複雜一點，加金銀花、菊花和蜂蜜。

當成食物，可用山楂加糯米煮成山楂粥。當成湯，可用山楂加荸薺及少許白糖煮成雪紅湯。

日本人叫做「山查子（Sanzashi）」，當今在日本已見有罐頭的榨鮮山楂汁出售，也有人浸成水果酒。

近年來，西醫也開始重視山楂，認為是治血壓高的良藥。在德國，一項研究指出山楂有助強化心肌，對於肝病引發的心臟病有療效，製成藥丸來賣。

有種成藥叫「焦三仙」，是由山楂、麥芽、神曲製成，用於消化不良、飲食停滯，從前的老饕都知道有這種恩物。

如果不買成藥，老饕們也會自己煲山楂粥來增進食慾，或用山楂和瘦肉來煲湯。

最有效的，應該是山楂桃仁露，做法為把一公斤山楂、一百克的核桃仁煲成兩三碗糖水，最後下大量的蜜糖。

蜜瓜

一講起蜜瓜，人們就想起了哈密瓜和日本的溫室蜜瓜，其實它的種類頗多，大致上可以分夏日蜜瓜（Summer Melons）和冬日蜜瓜（Winter Melons）兩大類。

前者以義大利的 Cantaloupe 和新疆的 Musk Melon 為代表，果肉大多是橙色的。Musk Melon 外皮有網狀的皺紋，日本蜜瓜屬此類，但品種已改良了，肉也呈綠色。

後者以美國的 Honeydew Melon 為代表，皮圓滑，呈淺綠色，完全是甜的。

夏日蜜瓜可當沙拉，但最多的例子是和生火腿一塊吃，也不知道是誰想出來的主意，一甜一鹹，配合得極佳。

有些夏日蜜瓜並非很甜，尤其是個頭小、像柚子般大的綠紋蜜瓜，可以拿來和缽酒一塊吃。一人一個，把頂部切開當蓋，挖出瓜肉，切丁，再裝進瓜中，倒入缽酒，放進冰箱，約兩個鐘（小時），這時酒味滲入，是西方宮廷的一道甜品。

著名的法國大廚維特爾，宴會前國王由巴黎運來的玻璃燈罩被打破，主人不知道怎麼辦時，維特爾把蜜瓜挖空當燈飾，傳為佳話。

當今新派菜流行，也有人把蜜瓜代替冬瓜，做出蜜瓜盅來，但蜜瓜太甜，吃得生膩，並非可取。

蜜瓜當然可以榨汁喝，也有人拿去做冰淇淋和果醬。其實，切開後配著芝士吃，也很可口。

日本的溫室蜜瓜多數在靜岡縣、愛知縣種植。北海道種的叫「夕張蜜瓜（Yubari Melon）」，外表一樣，但肉是橙紅顏色的，等級不高。

肉綠色的溫室蜜瓜，價錢也分貴賤，大致上夏天比冬天便宜。

貴的原因，是溫室中泥土一年要換一次，不然蜜瓜的營養成分就不夠了。為了使它更甜，當一株藤長出十多個小蜜瓜的時候，果農就把所有的都剪掉，只剩下一個，把營養完全給了它。「一株一果」的名種，由此得來。普通蜜瓜一個三四千日元，這種要賣到一萬多到兩萬日元了。

蜜瓜可儲藏甚久，要知道它熟了沒有，可以按按它的底部，還是很堅硬時，就別去吃它。

檸檬

　　檸檬，指的是黃色的果實，與綠色、較小的青檸味道十分接近，同一屬，但不同種。前者的英文名 Lemon，後者稱為 Lime，兩種果實，不能混淆。

　　可能由原名 Lemon 音譯，中國的檸檬是由阿拉伯人帶來的，宋朝文獻有記載，但應該在唐朝已有人種植。

　　據種種考究，檸檬原產於印度北部，在西元前一世紀已傳到地中海各國，龐貝古城的壁畫中有檸檬出現，火山爆發在西元前七十年，時間沒有算錯。

　　檸檬是黃香料柑橘屬的常綠小喬木，嫩葉呈紫紅色，花白色帶紫，有點香味。兩三年便能結果，橢圓形，拳頭般大。在義大利鄉下常見巨大的檸檬，有如柚子。

　　帶著芬芳的強烈酸性，是檸檬獨有的。一開始就有人用在飲食上，是最自然和高級的醋。具藥療作用，反而是後來才發現的。

　　航海的水手，最先知道檸檬能治壞血病，中醫也記載它止咳化痰，生津健脾，現代的化驗得知它的維生素 C 含量極高，對於預防骨質疏鬆、增加免疫的能力很強。當今還說可

以令皮膚潔白，製成的香油，占美容市場很重要的位置。

吃法最普遍的是加水和糖之後做成檸檬汁（Lemonade），它是美國夏天的最佳飲品，每個小鎮的家庭都做來自飲或宴客，是生活的一部分了。

檸檬和洋茶配合得最好，嗜茶者已不可一日無此君。說到魚的料理，不管是煮或燒，西洋大廚，無不擠點檸檬汁淋上的，好像沒有了檸檬，就做不出來。

中菜少用檸檬入食，最多是切成薄片，半圓形地擺在碟邊當裝飾而已。

反而是印度人和阿拉伯人用得多。印度的第一道前菜就是醃製的檸檬，讓其酸性引起食慾。中東菜在肉裡也加檸檬，來讓肉質軟化。希臘人擠檸檬汁進湯中。有種叫 Avgolemono 醬的，是用檸檬汁混進雞蛋裡打出來的。

做成甜品和果醬，是重要原料之一。香港人也極愛把它醃製為乾果，叫「甘草檸檬」。

檸檬的黃色極為鮮豔，畫家用的顏料之中，就有種叫做「檸檬黃色（Lemon Yellow）」的。用原只檸檬來供奉在佛像前面，又香又莊嚴，極為清雅，不妨試之。

香蕉

　　香蕉，原產於馬來西亞，已傳到熱帶和亞熱帶的各個國家去，像印度、南美諸國。臺灣的香蕉業更為茂盛，大陸南方也產香蕉，珠江三角洲以北的地方，只生葉不結果，稱為芭蕉，觀賞居多。

　　當今已是貧窮國家當為主要糧食的香蕉，除了生吃，還可以煎、炸、煮，加糖晒了製為乾果，也可以脫水，像薯仔片當為零食。葉子拿來包紮食物，越南的扎肉，馬來西亞的早飯（Nasi Lamak），都加以應用。包了烤魚，更為流行。印度人把香蕉葉鋪在草地上，添了米飯和咖哩汁，就那麼進食，當為飯桌，用途多得不得了。

　　樹一般都長得有十尺高，看到的幹，其實是根與葉之間的連線物，稱為偽幹，又叫假幹，非常軟弱，用開山刀一斬，即斷，但它可以支撐整叢香蕉，耐力極強。一軸香蕉可長十六至二十束，稱之為「手」，每手之中有十幾條長形的果實，就是香蕉了。生時皮綠，熟後轉黃，有斑點的香蕉才是最熟最甜。有些香蕉還長紅色的皮，叫做「紅香蕉（Red Banana）」，英文名為 Morabo。

臺灣產的香蕉是北蕉種，閩南人和潮州人都叫香蕉為芎蕉，有一尺長。小起來，只有肥人手指般粗，來自印度居多，非常甜美。印尼也有一丈長的香蕉，當地人用湯匙舀來吃，種子奇大，一顆顆像胡椒一樣從口中吐得滿地皆是。每一軸香蕉的尖端，長著紫紅色尖物，掀起硬瓣，才見裡面黃色的花，趁它還沒有成熟之前，切成碎片，可當為香料，馬來人的沙拉叫羅惹（Rojak），少不了這種香蕉花，泰國人也喜歡拿它來做咖哩。

炸香蕉（Pisang Goreng），是南洋最流行的街邊小吃之一，小販用一大鍋油，把香蕉剝了皮，沾上麵粉，就可以炸起來，香蕉炸後，更香更軟熟更甜。有一傳說，伊甸園其實是在當今的斯里蘭卡，亞當和夏娃在樂園中生活，用來蓋下體的是香蕉葉。想想也有點道理，一片無花果葉，怎麼遮得了呢。

芒果

　　芒果應該是原產於印度，早在西元前二千年，已有種植的記錄。

　　英文名 Mango，法文名 Mangue，菲律賓叫它為 Manga。名稱也有種種變化：芒果、蜜芒等。

　　除了寒帶，到處皆產，近於印尼、馬來西亞、菲律賓，遠至非洲、南美洲諸國，當今海南島也大量種植。

　　樹可長至二三十尺高，每年十月前後結果，如果公路旁種的都是芒果，又美觀又有收成。也有瘋狂芒果樹，任何一個季節都能成熟。其種類多得不得了，短圓、肥厚、扁平；大小也各異，有和蘋果接枝的蘋果杧，粉紅色；也有大如柚子的新種，本來的顏色只有綠和黃兩種。

　　東南亞一帶的人也吃不熟的，綠芒果有陣清香。肉爽脆，最為泰國人喜愛。一般的吃法是削絲後拌蝦膏和辣椒，也有人點醬油和糖。

　　中國古代醫學說芒果可以止嘔止暈眩，為暈船之恩物，但芒果有「溼」性，能引致過敏和各種溼疹。西醫沒有這個「溼」字，也警告病人有哮喘病的話，最好少吃。

芒果吃多了會失聲，也會引起嘴唇浮腫，應付的方法是以鹽水漱口，或飲之。

其吃法千變萬化，就那麼生吃的話，用刀把核的兩邊切開，再像數學格子那麼劃割，最後雙手把芒果翻掰，一塊塊四方形的果肉就很容易吃進口了。

好的芒果，核薄，不佳的核巨大，核晒乾了可成中藥藥材，可治慢性咽喉炎。肉可晒成芒果乾，或製成果醬。

近年來，把芒果榨汁，淋在甜品上的水果店開得多，芒果惹味，此法永遠成功；又用芒果汁和牛奶之類做的糖水，取個美名，稱之為「楊枝甘露」，也大受歡迎。

日本人從前吃不到芒果，一試驚為天人，當今芒果布丁大行其道。一愛上了，自己研究種植，在溫室中培養出極美極甜的芒果，賣得很貴。

適口者珍，但公認為最佳品種，是印度的 Alphonso，從前只有貴族才有資格吃的，當今已能在重慶大廈買到。

芒果很甜，又有獨特的濃味，別的水果吃多了會膩，但只有芒果愈吃愈愛吃，有點俗悶，擠不進高雅水果的行列。

櫻桃

櫻桃，古稱含桃，為鸚鳥所含，故曰。又名果櫻、櫻珠和楔。英文名 Cherry，港人音譯為櫻桃，法名 Cerise，德名 Kirsche，釀成烈酒，和啤酒一塊喝的 Kirsch，因此得來。

原產地應該在亞細亞西部，沒什麼正式的證實。西元前三百年，希臘已有文字記載過。

和梅、杏同屬玫瑰科，櫻桃可長至三四十尺高，但並非每一種櫻都能結實，否則日本全國皆是，可以長出櫻桃的日名叫做「實櫻」。

最大分別是甜櫻桃和酸櫻桃，前者就那麼當水果生吃，後者味酸濃，多數用來加工，糖漬之後做乾果或糕點。

許多人以為日本應該是櫻桃的最大產量國，但剛好相反，數量極少，賣得也最貴，一盒三四十粒的櫻桃要賣到幾百塊美金，令歐洲人咋舌。

產量最大的是德國，接之是美國。美國種之中有叫 Bing 的，是紀念一個華人的移植技術而命名。

歐洲種的櫻桃多數為深紫色，那邊的櫻樹和日本的不同，葉茂盛，長起櫻桃來滿枝皆是，很少看到的是粉紅的。

法國的 Montmorency 堪稱天下最稀有、最甜蜜。一上市已被老饕搶光，法國人說能夠嘗試到一粒，此世無悔。

日本的櫻桃多粉紅色，酸的較多，其中有高砂、伊達錦，但最高級的是佐藤錦。

當今澳洲來的櫻桃也不少，最好的是塔斯曼尼亞島上的黑魔鬼。個子很大，只比荔枝小一點，多肉多汁，最甜。

中東人也好吃櫻桃，幹吃或用來煮肉，伊朗有很多櫻桃菜。東歐的 Zara，生產一種很酸但味道強烈的櫻桃，叫它為 Maraschino。用來釀酒，義大利也做這種酒，特別之處是將桃核敲碎，增加了杏仁味。

在食物用具鋪子，可以找到一支鐵鉗，樣子像從前的巴士檢票員用來打洞的，那就是櫻桃去核器了。

把櫻桃用糖醃漬，裝進玻璃瓶中，做起雞尾酒來，和綠色橄欖的地位一樣重要。著名的曼哈頓雞尾酒，一份美國波奔威士忌，兩份甜苦艾，最後加的一顆又大又紅的櫻桃，是不可缺少的。

奇異果

　　奇異果這個名字取得好，不知情的人聽其名，還以為像熱情果一樣，是外國輸入。但據專家研究，它其實就是中國古名為奇異果的水果，反而是從中國移植到澳洲和紐西蘭去的。

　　澳洲人已把它當成國寶，名叫 Kiwi Fruit，因為它毛茸茸，像只 Kiwi 奇異鳥。後來，澳洲人乾脆叫自己為 Kiwi。橢圓形，像雞蛋那麼大，表皮褐色，帶著細毛，切開肉呈綠色，有並排的黑色種子，味道甚獨特，一般都很酸。

　　種植最多的反而是紐西蘭，他們還改良品種，種出外皮金黃的奇異果來，汁多，肉也轉甜了，非常美味。以色列更在沙漠中種出奇異果，皮綠色，個子很小，只有葡萄那麼大，也很甜。因為產量多而需大肆宣傳，由紐西蘭發出的訊息，簡直把奇異果當成神奇的藥物，能減壓、益智、促進腸蠕動、令人安眠，又是美容聖品，要減肥，非靠它不可。

　　中醫解為：味酸、性寒，清熱生津、利尿、健脾。這一說，好像較為踏實。因性寒，容易傷胃而引起腹瀉，不宜過量食之反而是真的；尤其脾胃虛弱的人，更應忌之。胃酸過

多的，可用奇異果滾湯來中和。做法是下甘菊花、黨參、杜仲。先在水中滾一滾，倒掉，然後加瘦肉和奇異果去煲。但記住別用鐵鍋，砂煲較宜。

洋人多是就那麼削皮當水果吃，做起甜品來，因奇異果綠得鮮豔，也已經是不可缺少的裝飾品，榨汁喝也最為普遍。為了減少酸性，可將綠色的奇異果摻以黃色的，再加上細粒的以色列種，下點甜酒飯後吃，就比較好玩和美味。也有人把整顆的奇異果放進紅色啫喱之中，魚膠粉放多一點，令啫喱較硬，冷凍後切片，煞是好看。

中菜裡也有吃凍的，先炒香中芹，油爆魷魚腩去腥，最後放入奇異果，下大量胡椒粉，滾成濃湯。魷魚有膠質，攤冷後放進冰箱，變成凍，是夏天一道很好的開胃菜。

西瓜

夏日炎炎，最受人歡迎的水果，莫過於西瓜了，它的水分是九成以上。有一個「西」字，當然是從西域傳來，原產地應該是非洲中部，尚有野生的。

當今的西瓜既然是人工種植，就變出各類形態來，像籃球般大的最普通，有的是枕頭形的。日本人頑皮，種出四方形西瓜，流行過一陣子。樣子看厭了，價錢又貴，沒什麼人買，又種出金字塔形的招徠。

最好吃的西瓜，來自北海道，皮全黑，叫 Densuke，有普通西瓜的兩倍之大。當今有人嫌黑不雅，已種出黃金色的了。肉有紅的和黃的，有種子和無種子兩類，瓜子晒乾後拿去炒，華人愛嗑，豐子愷先生有篇文字寫吃瓜子，最為精彩。

除了當水果那麼吃，將西瓜入饌的例子並不多，吃到不甜的西瓜，別丟掉，拿來煲湯好！切為大塊，和排骨一起煲出來的湯甚鮮，西瓜的糖分恰到好處，所以不必下味精。煲得過火也不爛，只要注意水分不煲乾就是。

我們做菜，有時也可以拿顏色來分。做一道全黃的，那就是以雞蛋和南瓜為主，黑色系統的用髮菜、冬菇等。紅色的，把西瓜切成薄片，和番茄、蝦仁一塊炒，孩子們看得有趣，就肯吃了。

　　未成熟橘子般小的西瓜，可以拿來鹽漬，經發酵，帶酸，是送粥的好食材，茹素者不妨醃漬來起變化。把西瓜挖空，剝下些肉，學習冬瓜盅的做法，把各類海鮮放進去燉，也是一種不同的湯。

　　當成甜品倒是千變萬化，西瓜皮夠硬，可以雕刻出種種美麗的花紋，泰國人最拿手了，簡直是藝術品，吃完不捨得丟掉。整塊西瓜就那麼咬來吃，嘴邊都沾滿汁液，所以有人發明了一個小器具，像挖雪糕的一樣，炮製出一粒粒圓形的迷你西瓜，容易入口。

　　有些大廚嘗試把西瓜皮炆了做菜，但效果不佳，它始終無味，也不像柚子皮那麼有口感，雖說窮地方人什麼都吃，但西瓜皮要煮得很久才爛，柴火的花費更多。沒辦法，只有用來當飼料餵豬了。

附

「死前必吃」清單

　　人生做的事，沒有比吃的次數更多。刷牙洗臉，一天最多兩次，吃總要三餐。性愛和吃一比，更是少得可憐。

　　除非你對食物一點興趣也沒有，愛吃的人就算有五十年懂得欣賞，早上兩個菜，中午五個，晚上十個，十七道乘三百六十五，再乘五十，是個天文數字。

　　魚的種類無數，但是一生非試不可的是河豚。當今有人研究出養殖沒有毒的河豚的方法，怕死可以由此入手。吃呀吃呀，你就會追求劇毒的。那種甜美，不能以文字形容，非自己嘗試不可，曾經有個出名的日本歌舞劇名演員吃河豚毒死，但死時是帶著微笑的。

　　貝殼類之中，鮑魚必食，它的腸最佳。

　　潮州人做的炭燒響螺是一絕。片成薄片，入嘴即化。

　　龍蝦之中，有幸嘗過香港本地的，那麼你就不會去吃澳洲或波士頓龍蝦了。

　　菜類之中，豆芽為首。

　　法國的白蘆筍不吃死不瞑目。

Chicory 小白菜帶苦，也是人生滋味之一。

各種醃製的蘿蔔之中，插在酒糟內泡的 Bettara Tsuke 甜入心，百食不厭。

肉只有羊了。沒有一個懂得吃的人不欣賞羊肉。古人說得好，女子不騷，羊不羶，皆無味。東歐的農田中，用稻草煨烤了一整天的羊，天下絕品。

果以榴槤稱王，馬來西亞的貓山王是王中之王。

豆類製成品的豆腐菜，以四川麻婆為代表，每家人做的麻婆豆腐都不同。一生人之中，一定要去原產地四川吃一次，才知什麼叫豆腐。

藻類可食沖繩島的水雲，會長壽，沖繩島人皆高齡，有此為證，用醋醃製得好的話，很美味。

穀類之中，白米最佳，一碗豬油撈飯，吃了感激流淚。什麼？你不敢吃豬油？那麼死吧！沒得救的。

芋頭吃法，莫過於潮州人的反沙芋，鬆化甜美。芋泥更要磨得細，用一個削了皮的南瓜盛，再去燉熟。當今還剩下幾位老師傅會做，不吃的話就快絕種了。著名的是桂林荔浦芋頭，身材高大，一碗香噴噴的荔浦芋頭扣肉，心兒滿足到嘴不停！

香代表香料，印度咖哩最好吃。咖哩魚頭固佳，咖哩螃蟹更好。在印度果阿做的咖哩蟹，是將蟹肉拆出來和咖哩煮

成一團的，其香無比。

卵有千變萬化的吃法，削法國黑松菌做奄列，死前必嘗。至於完美的蛋，是將一個碟子抹上油，燒熱，打一隻蛋進去，燒至熟為止，每一個人對什麼叫熟的程度，要求皆不同，不是餐廳可以吃到，必須要自己做。

魚子醬則要抓到巨大的鱘魚，剖腹後取出，下鹽。太多鹽死鹹，太少鹽會腐壞。天下只有五六個伊朗人會醃製。吃魚子醬，非吃伊朗的不可，俄羅斯的不可相信。但也只有在窩瓦河畔，才能吃到生的，鹽自己加，一大口一大口地吃，人生享受，止於此。

烏魚子則要選希臘島上的，用蠟封住，最為美味，把日本、中國、土耳其的，都比了下去。

義大利的白菌，削幾片在意粉上面，是完美的。

實的貴族是松子。當今到處可以買到，並不稀奇，好過吃花生一百倍。

撒哈拉沙漠中的蜜棗，也是一流的。

麵則以私人口味為重，認為福建炒麵為好。在福建已吃不到，只有吉隆坡茨廠街中的金蓮記炒得最佳。為此，去吉隆坡一趟，值回票價。

醃則以火腿為代表。金華火腿中的肥瘦部分，一小塊可以片成四百片，香港的華豐燒臘店中可以買到。

　　義大利的龐馬火腿生吃，最好是給義大利鄉下人請客，一張餐桌坐在果樹下，火腿端來，伸手去摘頭上的水果一齊吃，才是味道。至於西班牙的黑豚火腿，不能片來吃，一定是切成丁，在巴塞隆納吃，就是這種切法。

　　酪是芝士，在義大利北部的原野上，草被海水浸過，帶鹹，羊吃了，乳汁亦鹹。做出來的芝士，天下無雙。

　　泡是泡菜，以韓國人的金漬做得最好，天下最最美味的金漬，則只能在朝鮮才找得到。他們用魚腸、松子夾在白菜中，加大量蒜頭和辣椒粉，揉過後放在一邊。這時把一個巨大水晶梨挖心，將金漬塞入，雪中泡個數星期，即成。

　　要談的話，再寫十篇或數十篇數百篇都不夠。天下美食，可寫成一套像《不列顛百科全書》的字典。盡量吃最好的，也不一定是最貴的。愈難找愈要去找。吃過之後，此生值矣，再也不必說死前要吃些什麼，也不必忌諱死，你已經不怕死了。

最有營養的食物一百種

　　英國廣播公司，除了新聞，亦製作很多高質素的紀錄片，所報導的數據極為嚴謹，絕對不會亂來。最近，他們做了一個調查，從一千種食材中選出一百種對人體最有營養

的。從尾算起，排行如下。

第一百種：蕃薯。第九十九種：無花果。第九十八種：薑。第九十七種：南瓜。第九十六種：牛蒡。第九十五種：抱子甘藍。第九十四種：花椰菜。第九十三種：椰菜花。第九十二種：馬蹄。第九十一種：哈密瓜。第九十種：梅乾。

第八十九種：八爪魚。第八十八種：胡蘿蔔。第八十七種：冬天瓜類。第八十六種：墨西哥辣椒。第八十五種：大黃。第八十四種：石榴。第八十三種：紅醋栗，又叫紅加侖。第八十二種：橙。第八十一種：鯉魚。第八十種：硬殼南瓜。

第七十九種：金桔。第七十八種：鯧鰺魚。第七十七種：粉紅鮭魚。第七十六種：酸櫻桃。第七十五種：虹鱒魚。第七十四種：河鱸魚。第七十三種：玉豆。第七十二種：紅葉生菜。第七十一種：京蔥。第七十種：牛角椒。

第六十九種：綠奇異果。第六十八種：黃金奇異果。第六十七種：西柚。第六十六種：鯖魚。第六十五種：紅鮭。第六十四種：芝麻菜。第六十三種：細蔥。第六十二種：匈牙利辣椒粉。第六十一種：紅番茄。第六十種：綠番茄。

第五十九種：西生菜。第五十八種：芋葉。第五十七種：利馬豆。第五十六種：鰻魚。第五十五種：藍鰭鮪魚。第五十四種：銀鮭魚，生長於太平洋或湖泊中。第五十三

種：翠玉瓜等夏天瓜類。第五十二種：海軍豆，又名白腰豆。第五十一種：大蕉（是非洲蔬菜，長得像香蕉，但味道一點都不像，似木薯，非洲人當馬鈴薯吃）。第五十種：豆莢豆。

第四十九種：眉豆。第四十八種：牛油生菜。第四十七種：紅櫻桃。第四十六種：核桃。第四十五種：菠菜。第四十四種：番茜。第四十三種：鯡魚。第四十二種：海鱸魚。第四十一種：大白菜。第四十種：水芹菜。第三十九種：杏。第三十八種：魚卵。第三十七種：白魚，即為白鮭。第三十六種：芫荽。第三十五種：羅馬生菜。第三十四種：芥末葉。第三十三種：大西洋鱈魚。第三十二種：牙鱈魚。第三十一種：羽衣甘藍。第三十種：油菜花。

第二十九種：美洲辣椒。第二十八種：蚶蛤類。第二十七種：羽衣，與羽衣甘藍相近又是不同種類。第二十六種：羅勒，又名金不換、九層塔。第二十五種：一般辣椒粉。第二十四種：冷凍菠菜（冷凍菠菜的營養不會流失，故級數高於新鮮菠菜）。第二十三種：蒲公英葉。第二十二種：粉紅色西柚。第二十一種：扇貝。第二十種：太平洋鱈魚。

第十九種：紅椰菜。第十八種：蔥。第十七種：阿拉斯加狹鱈。第十六種：狗魚。第十五種：青豆。第十四種：橘

子。第十三種：西洋菜。第十二種：芹菜碎，將芹菜晒乾或抽乾水分，營養較新鮮的高。第十一種：番茜乾，同道理。第十種：魚。

第九種：甜菜葉。第七種：瑞士甜菜。第六種：南瓜子。第五種：奇亞籽。第四種：鯿魚、比目魚、左口魚的各類的魚。第三種：深海鱸魚。第二種：番荔枝。第一種：杏仁。

這都是有根有據的科學分析和調查，絕對可靠，但是我們做夢也沒有想到杏仁那麼厲害，怎麼可以跑出第一位來？今後要多吃杏仁餅了。

第二位的番荔枝也出乎意料，這種臺灣人叫做「釋迦」的水果從前只在泰國吃到過，當今各地都種植，澳洲產的又肥又大，皮平坦的不好吃，一粒粒分明的才行。

大家都認為留有 Omega-3（Ω-3 脂肪酸，一組多元不飽和脂肪酸，常見於深海魚類和某些植物中，對人體健康十分有益）的鮭魚只排在第六十五位，而西洋人也不贊成生吃，他們都要煙燻過的，或者煮得全熟的。花椰菜或椰菜花也不是那麼有營養，排在第九十三至第九十四。

大力水手吃的菠菜，新鮮的只排在第四十五，反而是冷凍過後再翻熱的排在第二十四，營養極高，但不如排在第

十八位的蔥。

至於我們東方人的主食稻米，根本不入流，米飯營養價值極低，我們可以放心吃個三大碗。但米飯當今大家都少食，不如選擇五常米、臺灣蓬萊米、日本米，貴一點也無所謂了。

對了，在排行榜上你會發現沒有第八位，那就是我最喜歡的豬油了，這一種一直被誤解的食材，原來是那麼有營養的，比什麼橄欖油、椰子油或各類植物油都有益處，更不必說牛油或魚油了。

當然我們不贊成一有營養就拚命吃，各類食材都吃一點點，營養才均衡，而有什麼比吃沒營養的白飯、淋一點豬油來撈的更好呢？

點心要奔放一點才好吃

《三聯生活週刊》：您到北京，會覺得北方的食物相對而言更粗糙嗎？

蔡瀾：每一個地方都有每一個地方的特色，關鍵是人接受的文化薰陶，我們從小就看老舍的文章，所以我一到北京來就可以馬上接受豆汁、滷煮這些東西。但是如果你沒有了解過這些東西，你就不能接受，所以這些都是文化。

《三聯生活週刊》：但周作人也說過，北京以前是有不少好吃的點心，但是到了他那個時候，北京好吃的點心就變得

很少了。

　　蔡瀾：其實北京以前是有不少好吃的點心。但是他說的點心跟廣東人印象中的點心又不同，他說的是宮廷小吃。所以說「點心」這兩個字到底要不要規定是廣東點心還是別的什麼點心呢？我覺得可以把點心理解為一種自由奔放的小吃，那可能會更好一點。北京的點心為什麼會消失呢？就是因為宮廷點心現在太不親民了。廣東的小吃之所以能夠做得好，正是因為它容易接觸，容易變通、學習，也容易製作，所以才能夠一代代地傳下來。美食能夠接近是很重要的一件事。

　　《三聯生活週刊》：我記得您在以前的文章裡提到過，人變老了，就會寬容一點，那您認為舌頭也會變得更寬容嗎？

　　蔡瀾：會寬容一點，但同時也變成固執了一點，不能接受新的事物。這是兩方面的，所以不一定好，也不一定壞。

　　《三聯生活週刊》：您去過的這麼多城市裡面，哪個城市的美食分別是您最喜歡和最不能接受的？

　　蔡瀾：我很喜歡吉隆坡的美食。首先吉隆坡離新加坡很近，它是我第一個去遊玩的城市，而且吉隆坡的東西我吃得很慣，它任何的街頭小吃我都很喜歡。最難接受的當然是歐洲，比如德國，還有就是北歐那邊的食物。這些國家給我的感覺比較刻板，也很單調，比如說一塊三明治，他們連兩塊

吐司夾起來都不肯，就是一片，上面放上一些東西，想像力不豐富，所以很難創造出真正的美食，這種地方我不喜歡。但是去了這種地方，我也不能什麼都不吃，只能吃完馬上逃掉。

《三聯生活週刊》：您平時過年是怎麼過的？

蔡瀾：我從十幾歲就離開家了，一直在海外漂泊，所以一直沒有什麼過年的感覺和氣氛，而且我不太喜歡別人來我家過年一起吃飯的那種感覺，所以過年對我來講沒有很大的意義。但是我也會過年，而且我發現不只是我一個人在海外，不只是我一個人性格孤僻，原來有一群人都是這樣的。那我就想，不如組織一個旅行團，大家一起去吃全世界最好吃的東西，所以我之前說的旅行團就此產生了。這幫參加旅行團的人算起來已經認識了二十三年，我們還在一起吃，每次過年還在一起。

《三聯生活週刊》：這麼多年下來，您覺得旅行團的朋友更喜歡吃什麼？

蔡瀾：他們喜歡吃日本的東西，我也問過為什麼，也不一定是因為日本的東西有多麼好吃，他們認為日本的東西比較乾淨。我的這些朋友大部分都年紀蠻大了，他們雖然喜歡亂吃東西，但是不喜歡亂吃到生病，所以他們在日本吃東西就比較放心。但其中也有人很清楚自己為什麼喜歡日本的

食物。因為我在日本住過八年，所以我知道什麼食物是最好的，而且同一樣食物，哪一家店鋪最好，哪一天去吃最好，我們都會講究這些。

我覺得東京的米其林要是由我來評選的話，會比他們的那個版本更好。為什麼東京有那麼多米其林餐廳呢？因為以前日本飲食文化是這樣的，人們喜歡坐在櫃檯前跟大師傅聊天，很親近地面對面聊天，師傅也了解客人的喜好，所以這種溝通就成為吃日本菜的文化的一部分。但是以前外國人和這些師傅不可能聊天，後來這些大廚慢慢會講幾句英語了，外國人來了以後，大廚就能跟他溝通。這些外國人聽了以後馬上覺得驚為天人，一點小事情都以為：哇！這個很厲害。以為你下了很多功夫，但是其實很多是理所當然的事情。

《三聯生活週刊》：您有沒有關注北京的米其林？

蔡瀾：我其實不大看米其林，除非是我去法國、義大利旅行，我會喜歡到米其林餐廳去，因為我覺得這方面他們是專家，但是一離開那幾個城市，我就不太關注了。

《三聯生活週刊》：您覺得我們書寫食物的時候應該更加主觀還是客觀呢？

蔡瀾：書寫食物就跟做愛一樣，要不主觀的話就什麼意思都沒有了，就完了，我對食物的感情是絕對主觀的。對於

各式各樣的食物，每個人會有不同的想法，這是一定的。

《三聯生活週刊》：我在看您的書的時候很想問，您覺得人應該對食物保持一種什麼樣的態度？

蔡瀾：人要保持飢餓的態度，你吃飽了以後對食物就根本沒有興趣了。我們到菜市場去逛也要餓的時候去逛，人一飽就沒有那種對食物的慾望了；去烹飪的時候，去寫作的時候，也不要讓自己吃得太飽。

《三聯生活週刊》：您最開始是怎麼想到要開一家點心店的？

蔡瀾：最開始是因為王力加、李品熹夫婦找上我。他們參加過很多次我的旅行團，我對他們夫婦也有一定的認識。他們很努力，做事情很用心，人又正直，沒有什麼壞習慣，而且年輕有為，三十五歲的時候就開了二百多家店。當時我們就聊了聊，他們談到我寫的一篇關於越南河粉的文章，那是二〇〇一年我在週刊上寫的《為了一碗牛肉河粉》。幾十年前我去越南旅行，第一次吃越南牛肉河粉，我說那種感覺就像「一場美妙的愛情達到了高潮」。但很可惜，這種平民美食後來在戰火中失傳了，在越南再也吃不到好吃的河粉了。所以那之後，為了吃到一碗像樣的牛河，我跑了很多城市。我後來意外地在墨爾本碰到一家名叫「勇記」的餐廳，又吃到了幾十年前的那種味道。

他們對那篇文章的印象很深刻，然後希望也能夠做一些這樣的食物給大家。他們說現在的年輕人喜歡吃得清淡一點，不喜歡那麼油膩的東西，我寫的越南河粉就最適合。當時講起來很容易，但實際做起來就難了。我們去那家河粉店學習了很多次，也花了大價錢讓老闆娘過來教導了很多次，但是始終沒那麼容易。複製一兩家可能比較容易控制，但是繼續擴充下去就很難了。萬一弄不好的話，這個品牌不就等於作廢了？畢竟我們投入的心思和金錢都不少。當時我們轉念一想，不如就開家點心店吧？開點心店的話比較容易自己控制，我們也更有把握，當時幾位師傅是我一個好朋友介紹給我的。

決定開點心店以後，我本來想把第一家開在廣州，後來又覺得不行。因為點心是廣州人最早開始做的，我們在那邊開點心店可能要給人家罵死了，後來就說不如在深圳，畢竟深圳外地人多，我們比較夠膽試試看。然後我們就從深圳開始，開了一家、兩家、三家，後來也慢慢開到廣州去，看起來也比較能接受。

《三聯生活週刊》：我前不久去了深圳的蔡瀾點心店，人不少啊。

蔡瀾：這算是運氣來了吧，我們的點心店確實是蠻受歡迎的。開餐廳一定需要運氣的。我們也盡自己的力量弄得最

好，但是客人來不來也只有運氣能夠解釋了。華人很會用字，你說兩個人為什麼結婚呢？它是不可能解釋清楚的，所以我們就說是兩個人的緣分。客人也是一樣。

《三聯生活週刊》：當初把點心店開到北京的時候，有沒有擔心過南北的口味差異呢？

蔡瀾：這點我們倒沒擔心過。我們關注的是用料一定要好，價錢一定要夠便宜，手藝我們自己可以掌握到，就不擔心。雖然北京這邊的成績還不錯，但是我們盤算了以後發現其實它的利潤還是非常低微的，我們做了這麼多東西，做了這麼多事，利潤還是很低。這和北京的高房租沒有太大關係，最主要的還是我們喜歡用手工現做，定價又不高。利潤雖然低，但我覺得也不要緊，只要不虧本就行。

《三聯生活週刊》：您覺得港式點心和其他點心最大的區別在哪兒？

蔡瀾：所謂「港式點心」，為什麼要加上「港式」這兩個字呢？點心最初是廣東的，加上「港式」這兩個字，意思就是點心可以做得比較自由奔放，可以亂來。所謂「港式點心」就等於是西班牙人的小吃，什麼東西都可以做成點心。我們做港式點心就相當於把自己從傳統點心的這個概念中解放出來，所以我們總是和我們的師傅說，放手去創作。

《三聯生活週刊》：您個人喜歡哪些點心？

蔡瀾：我自己百吃不厭的那個是牛奶凍，其次是馬拉糕，白糖糕也喜歡。但是白糖糕不能說是我們的，我們是沾了光的，因為白糖糕我們怎麼做都沒有順德人做得好吃。這很奇怪，白糖糕做起來看似簡單，就是用白糖、麵粉發酵，然後蒸出來。但是我們做出來的白糖糕就是沒有那麼好。因為每天的溫度不同，發酵的過程就不同，所以很難掌握，這背後是門很深的學問。那你呢，你喜歡吃什麼？

《三聯生活週刊》：我喜歡陳皮紅豆沙。

蔡瀾：嗯，紅豆沙製作起來比較容易，用好的陳皮，慢慢熬就可以了，在鄉下還有些出產陳皮的地方，倒是比從前少了很多。我之前也寫過陳皮，店裡有整包的新陳皮，買回家放個三五十年，一定好，但人命有沒有那麼長，不得而知。

倪匡跋
以「眞」為生命眞諦，只求心中眞喜歡

不拘一格降人才

要用文字素描一個人，當然要先寫下他的名字：

蔡瀾。

然後，當然是要表明他的身分。

對一般人來說，這很容易，大不了，十餘個字，也就夠了。可是對蔡瀾，卻很費功夫。而且還要用到標點符號之中的括號和省略號，括號內是與之相關，但又必須分開來說的身分，於是在蔡瀾的名下，就有了這些：

作家，電影製片家（監製、導演、編劇、策劃、影評人、電影史料家），美食家（食評家、食肆主人、食物飲料創造人），旅行家（創意旅行社主持、領隊），書法家，畫家，篆刻家，鑑賞家（一切藝術品民間藝術品推廣人、民間藝術家發掘人），電視節目主持人，好朋友（很多人的好朋友）……還有許多，真的不能盡述。

這許多身分，都實實在在，絕非虛銜，每一個身分，都有大量事實支持，下文會擇要述之。

277

在寫下了那麼多身分之後，不禁喟嘆：人怎麼可以有這樣多方面的才能？若是先寫下了那些身分，倒過來，要找一個人去配合那些身分，能找到誰？

　　認識的人不算少，奇才異能之士很多，但如能配得上這許多身分的，還是只有他：蔡瀾！

　　蔡瀾，一九四一年八月十八日生於新加坡（巧之極矣，執筆之日，就是八月十八日，蔡瀾，生日快樂），這一年，這一天，天公抖擻，真是應了詩人所求，不拘一格，降下人才。

　　人才易得，這許多身分不只是名銜，還有內容，這也可以說不難，難得的是，他這人，有一種罕見的氣質，或者說氣度。那些身分，或許都可以透過努力獲得，但氣度是與生俱來的，是天生的，他的這種氣質、氣度，表現在他「好朋友」這身分上。

桃花潭水深千尺

　　好朋友不稀奇，誰都有好朋友，俗言道：曹操也有知心人。不過請留意，蔡瀾的「好朋友」項下有括號：很多人的好朋友。

　　要成為「很多人的好朋友」，這就難了。與他相知逾四十年，從未在任何場合聽任何人說過他壞話的，憑什麼能做到這一點？

憑的，就是他天生的氣質，真誠交友的俠氣。真心，能交到好朋友，那是必然的事。

以真誠待人，人未必以真誠回報，誠然，蔡瀾一生之中，吃所謂「朋友」的虧不少，他從來不提，人家也知道。更妙的是，給他虧吃的人士知道占了他的便宜，自知不是，對他衷心佩服。

許多朋友，他都不是刻意結交來的，卻成為意氣相投的好友，友情深厚的，豈止深千尺！他本身有這樣的程度，所交的朋友，自然程度也不會相去太遠。

這裡所謂「程度」，並不是指才能、地位，而是指「意氣」，意氣相投，哪怕你是販夫走卒，一樣是朋友，意氣不投；哪怕你是高官富商，一樣不屑一顧，這是交友的最高原則。

這種原則也不必刻意，蔡瀾最可愛的氣質之一，就是不刻意地君子。有順其自然的瀟灑，有不著一字的風流，所以一遇上了可交之友，自然而然友情長久，合乎君子交遊的原則，從古至今，凡有這樣氣質者，必不會將利害得失放在交友準則上，交友必廣，必然人人稱道。把蔡瀾朋友多這一點，列為第一值得素描點，是由於這一點是性格天生使然，怎麼都學不來——當然，正是由於看到他的許多創意，成為許多人模仿的目標，所以有感而發。

蔡瀾的創意無窮，值得大書特書。

千金散盡還復來

蔡瀾對花錢的態度，是若用錢能買到快樂，不惜代價去買；若用錢能買到舒適，不惜代價去買……這樣的態度，自然「花錢如流水」，錢不會從天上掉下來，也自然要設法賺錢。

他絕對是一個文人，很有古風的文人。從他身上，可以清楚感到古人的影子，尤其像魏晉的文人，不拘小節，瀟灑自在。可是他又很有經營事業的才能，更善於在生活的玩樂吃喝之中發現商機，成就一番事業，且為他人競相模仿。

喜歡喝茶，特別是普洱，極濃，不知者以為他在喝墨水，他也笑說「肚裡沒墨水，所以喝墨水」，結果是出現了經他特別配方的「抱抱茶」，十餘年風行不衰。

喜歡旅行，足跡遍天下，喜歡美食，遍嘗各式美味，把兩者結合，首創美食旅行團。在這之前，旅行團對於參加者在旅行期間的飲食並不重視，食物大都簡陋。蔡瀾的美食旅行一出，當然大受歡迎，又照例成為模仿對象。參加過蔡瀾美食旅行團的團友，組成「蔡瀾之友」，數以千計，有參加數十次以上者。這種開風氣之先的創舉，用一句成語——不勝列舉，各地冠以他名字的「美食坊」可以證明。

這些事業，再加上日日不輟的寫作，當然有相當豐厚的收入，可是看他那種大手大腳的用錢方式，也不禁替他捏一把汗。當然，十分多餘，數十年來，只見他愈花愈有。數年

前，遭人欺騙，損失巨大（八位數字），吸一口氣，不到三年，損失的就回來了，主宰金錢，不被金錢主宰，快意人生，不亦樂乎。

真正了解快樂且能創造快樂、享受快樂，當年有腰懸長劍、昂首闊步於長安道路的，如今有揹著僧袋、悠然閒步在香港街頭的，兩者之間，或許大有共通之處？

眾裡尋他千百度

對人生目的的追尋，可以分為刻意和不刻意兩種，眾裡尋他，也可以理解為對理想的追尋。

表面上的行為活動，是表面行為，內心對人生意義的探討，對人生理想的追求，則屬於內涵。

雖說有諸內而形諸外，但很多時候，不容易從外在行為窺視內心世界。尤其是一般俗眼，只看表面，不知內涵，就得不到真實的一面了。

看人如此，讀文意更如此。

蔡瀾的小品文，文字簡潔明白，不造作，不矯情，心中怎麼想，筆下就怎麼寫，若用一個字來形容，就是：真。

乍一看，蔡瀾的小品文，寫的是生活，他享受的美食，他欣賞的美景，他讚嘆的藝術，他經歷的事情，大千世界，盡在他的筆下呈現。

試想，他的小品散文，已出版的，超過了一百種，即便是擅寫此類文體的明朝人，也沒有一個人留下這許多作品的，放諸古今中外，肯定是一個紀錄。

能有那樣數量的創作，當然是源自他有極其豐富的生活經歷。

讀蔡瀾的小品散文，若只能領略這一點，雖也足矣，但是忽略了文章的內涵，未免太可惜了。「誰解其中味」？唯有能解其中味的，才能真得蔡文之三昧。

他的文章之中，處處透露對人生的態度，其中的淺顯哲理、明白禪機，都使讀者能得頓悟，可以把本來很複雜的世情困擾簡單化：噢，原來如此，不過如此。可以付諸一笑，自然快樂輕鬆，這就真是「驀然回首」就有了的境界，這是蔡瀾小品文的內涵，不要輕易放過了！

閒來無事不從容

工作能力，每人不同，有的能力高，有的能力低。能力高者，做起事來不吃力，不會氣喘如牛，不會咬牙切齒，兵來將擋，水來土掩，旁觀者看來，賞心悅目，連連讚嘆。能力低者，當然全部相反。

若干年前，蔡瀾忽然發願，要學篆刻，聞言大吃一驚—篆刻學問極大，要投入全部精力，其時他正負電影監製重

任，怎能學得成？當時，用很溫和的方法，潑他的冷水：「刻印，並不是拿起石頭、刻刀來就可進行的，首先，要懂書法，閣下的書法程度，好像……哼哼……」

那言下之意，就是說：你連字都寫不好，刻什麼印！

他聽了之後，立即回應：「那我就先學寫字。」

當時不置可否。

也沒有看到他特別怎樣，他卻已坐言起行，拜名師，學寫字。

大概只不過半年，或大半年左右，在那段時間內，仍如常交往，一點也沒有啥特別之處。一日，到他辦公室，看到他辦公桌上，文房四寶俱全，儼然有筆架，掛著四五支大小毛筆，正想出言笑話他幾句，又一眼看到了一疊墨寶，吃了一驚：這些字是誰寫的？

蔡老兄笑嘻嘻地泡茶，並不回答，一派君子。

這當然是他寫的，可是實在難以相信。

自此之後，也沒有見他怎樣呵凍搓手地苦練，不多久，書法成就卓然，而且還是渾然，毫不裝腔作勢。篆刻自然也水到渠成，精彩紛呈，只好感嘆：有藝術天才，就是這樣。他的這種從容成事的態度，在其他各方面，也無不如此。在各種的笑聲之中，今天做成了這樣，明天又做成了那樣，看起來時間還大有空閒，歐陽先生曰：得其一，可以通其餘。

信然！

最恨多才情太淺

　　蔡瀾書法，極合「散懷抱，任情恣性」的書道，所以可觀。其實，書道、人道，可以合論。蔡瀾的本家蔡邕老先生在《筆論》中提出的書道，拿來做做人的道理，也無不可。

　　在對待女性的態度上，蔡瀾絕對是大男人主義者。此言一出，蔡瀾的所有女性朋友，可能會譁然：「怎麼會，他對女性那麼好，那麼有情有義，是典型的最佳男性朋友，怎麼會是大男人主義者？」

　　是的，他所有的女性朋友對他的讚語，都是對的，都是事實，也正因為如此，才說他是大男人主義者。

　　唯大男人主義者，才會真正對女性好，把女性視作受保護的弱小對象，放開懷抱，任情盡心地愛之惜之，呵之護之，盡男性之天職，這才是真正的大男人。

　　（小男人、賤男人對女性的種種劣行，與大男人相反，不想汙了筆墨，所以不提了）

　　女性朋友對蔡瀾的感覺，據所見，都極良好，不困於性別的差異，從廣義的觀點來看一個「情」字，那是另一種境界的情，是一種淺淺淡淡的情，若有若無的情，隱隱約約的情，絲絲縷縷的情……

　　若大喝一聲問：究竟是什麼啊？

　　對不起，具體還真的說不上來。只好說：不為目的，也

沒有目的，只是因了天性如此，覺得應該如此，就如此了。

　　說了等於沒有說？當然不是，說了，聽的人一時不明，不要緊，隨著閱歷增長，總會有明白的一天，就算終究不明，又打什麼緊？

　　好像扯遠了，其實，是想用拙筆盡可能寫出蔡瀾對女性的情懷而已。不過看來好像並不成功。

回首亭中人，平林淡如畫

　　試想看雲林先生的畫：天高雲淡，飛瀑流泉，枯樹危石，如鬥茅亭，有君子兮，負手遠望，發思古之幽情，念天地之悠悠，時而仰天大笑，笑天下可笑之事，時而低頭沉思，思人間宜思之情，雖煢煢孑立，我行我素，然相交通天下，知己數不盡。

　　若問君子是誰，答曰：蔡瀾先生也。

　　回顧和他相知逾四十年，自他處學到的極多。「凡事都要試，不試，絕無成功可能；試了，成功和失敗，一半一半機會。」這是他一再強調的。只怪生性不合，沒學會。

　　「既上了船，就做船上的事吧。」有一次跟人上了「賊船」，我極不耐煩，大肆嘮叨時他教的，學會了，知道了「不開心不能改變不開心的事，不如開心」的道理，所以一直開開心心，受益匪淺。

他以「真」為生命真諦，行文如此，做人如此。所以他看世人，不論青眼白眼，都出自真，都不計較利害得失，只求心中真喜歡。

　　世人看他，不論青眼白眼，他也渾不計較，只是我行我素：「豈能盡如他意，但求無愧我心。」

　　這樣的做人態度，這樣的人，贏得了社會上各色人等對他的尊重敬佩，是必然的結果。有一次，我在前，他在後，走進人叢，只見人群紛紛揚手笑臉招呼，一時之間以為自己大受歡迎，飄飄然焉，及至發現眾人目光焦點有異，才知道是和身後人在打招呼，當場大樂：這是典型的「狐假虎威」。哈哈。

　　即使只是素描，也描之不盡，這裡可以寫一筆，那裡可以補兩筆，怎麼也難齊全。這樣的一個人，哼哼，來自哪一個星球？在地球上多久了？看來，是從魏晉開始的吧？

電子書購買

爽讀 APP

國家圖書館出版品預行編目資料

今天也要好好吃飯：從料理到上桌，細細品味美
食背後蘊含的故事與智慧 / 蔡瀾 著 . -- 第一版 . --
臺北市：崧燁文化事業有限公司 , 2024.05
面； 公分
POD 版
ISBN 978-626-394-261-5(平裝)
1.CST: 飲食 2.CST: 文集
427.07   113005345

今天也要好好吃飯：從料理到上桌，細細品味美食背後蘊含的故事與智慧

臉書

作　　　者：蔡瀾
發 行 人：黃振庭
出 版 者：崧燁文化事業有限公司
發 行 者：崧燁文化事業有限公司
E - m a i l：sonbookservice@gmail.com
粉 絲 頁：https://www.facebook.com/sonbookss/
網　　　址：https://sonbook.net/
地　　　址：台北市中正區重慶南路一段六十一號八樓 815 室
Rm. 815, 8F., No.61, Sec. 1, Chongqing S. Rd., Zhongzheng Dist., Taipei City 100,
Taiwan
電　　　話：(02) 2370-3310　　　傳　　真：(02) 2388-1990
印　　　刷：京峯數位服務有限公司
律師顧問：廣華律師事務所 張珮琦律師

定　　　價：375 元
發行日期：2024 年 05 月第一版
◎本書以 POD 印製
Design Assets from Freepik.com